Claus Hoffmann leitet den Bereich Bildung der MFG Medien- und Film-gesellschaft Baden-Württemberg und ist Lehrbeauftragter für Medien- und Redaktionsmanagement an der Universität Stuttgart-Hohenheim. Er beschäftigt sich seit vielen Jahren mit dem Medium Intranet und hat seine Dissertation zu dem Thema verfasst.

Beatrix Lang ist langjährige Personal- und Organisationsentwicklerin und Busi-ness Coach in Stuttgart. Sie berät Profit- und Non-Profit-Organisationen bei der Einführung eines Intranets.

Claus Hoffmann
Beatrix Lang

Das Intranet

Erfolgreiche
Mitarbeiterkommunikation

UVK Verlagsgesellschaft mbH

Praxis PR

Band 4

Bibliografische Information der Deutschen Bibliothek
Die Deutsche Bibliothek verzeichnet diese Publikation in der Deutschen
Nationalbibliografie; detaillierte bibliografische Daten sind im Internet
über http://dnb.ddb.de abrufbar.

ISSN 1619-9804
ISBN 13: 978-389669-491-1
ISBN 10: 3-89669-491-X

© UVK Verlagsgesellschaft mbH, Konstanz 2006

Einbandgestaltung: Susanne Weiß, Konstanz
Druck: fgb · freiburger graphische betriebe, Freiburg

UVK Verlagsgesellschaft mbH
Schützenstr. 24 · D-78462 Konstanz
Tel.: 07531-9053-0 · Fax: 07531-9053-98
www.uvk.de

Inhalt

Vorwort

Bis vor kurzem waren Intranets in Unternehmen kaum mehr als elektronische Schwarze Bretter, um den Mitarbeitern Nachrichten mitzuteilen. Heute besitzen firmeninterne Netzwerke das Potenzial, die Produktivität nachhaltig zu steigern, das Wissen der Organisation zu speichern und Ausgangspunkt von Innovation zu sein. In Zeiten knapper Kassen fällt es Unternehmen aber nicht immer leicht, in neue Technologien zur Mitarbeiterkommunikation zu investieren. Doch die Umbrüche und Globalisierung der Märkte, der wachsende Wettbewerb und die zunehmende Bedeutung von Kundenwünschen können nur bewältigt werden, wenn alle Mitarbeiter durch eine bessere interne Kommunikation an einem Strang ziehen und bei der Entwicklung von Lösungen ihr Wissen einbringen. Mit dem Intranet kann der Erfolgsfaktor Kommunikation entscheidend gestärkt werden.

Nicht nur für Großunternehmen sind Intranets interessant, um die internen Prozesse effizienter zu gestalten. Gerade auch der Mittelstand entschließt sich immer mehr dazu, interne Plattformen für die Mitarbeiter aufzubauen und Informationsflüsse zu verbessern.

Viele Intranet-Projekte scheitern am fehlenden professionellen Projektmanagement, das Ziele klar definiert, planvolle Vorgehensweisen festlegt, Ressourcen effektiv einsetzt und Erfolge kontrolliert. Häufig liegt der Fokus einseitig auf der Technik, vernachlässigt werden die frühzeitige Einbeziehung der Mitarbeiter und das Bereitstellen attraktiver Inhalte. Nicht nur der Mitarbeiterkommunikation, sondern auch dem Veränderungsmanagement und der Personal- und Organisationsentwicklung kommen daher eine zentrale Bedeutung zu, um ein Intranet erfolgreich einzurichten und zu betreiben.

Ein von den Mitarbeitern akzeptiertes Intranet kann Unternehmen erhebliche wirtschaftliche Vorteile einbringen, ein schlecht gestaltetes und ungenutztes Intranet kostet dagegen jede Menge Geld. Allein durch unverständliche Inhalte, eine mangelhafte Navigation und fehlende Design-Standards können schnell beträchtliche Kosten durch Verständnisprobleme, unnötiges Suchen und schlechte Usability entstehen.

Der vorliegende Ratgeber richtet sich an Praktiker, die vor der Herausforderung stehen, ein Intranet oder einzelne Anwendungen im Unternehmen aufzu-

bauen. Ausgehend von den Intranet-Grundlagen und der Mitarbeiterkommunikation im Intranet liegt der inhaltliche Schwerpunkt auf dem Projektmanagement, der Personal- und Organisationsentwicklung und dem konstruktiven
Umgang mit Veränderung.

Herzlich bedanken möchten wir uns bei den Autoren aus der Praxis Thomas
Mickeleit und Nina Böttger, Volkswagen, Wolfsburg, Thomas Maier, SAS
Deutschland, Heidelberg, sowie Martin Cserba und Katrin Renner, 21TORR,
Reutlingen, die ihre Erfahrungen aus Intranet-Projekten vorstellen. Für die
Einblicke in das internationale Wissensmanagement danken wir zudem Marina
Salland-Staib und Torsten Wirtz, Mercedes-Benz, Stuttgart.

Stuttgart, im Februar 2006

Claus Hoffmann   Beatrix Lang

1. Grundlagen des Intranets

Ein leistungsfähiger Computer, etwas Software, die es teilweise kostenlos im Internet zum Downloaden gibt, ein Anschluss an das firmeninterne EDV-Netzwerk, ein Wochenende Zeit und ein experimentierfreudiger Mitarbeiter der EDV-Abteilung – schon kann es mit dem Aufbau eines Intranets losgehen. Die Hürden, um die Mitarbeiterkommunikation in Unternehmen zu modernisieren, sind heute äußerst niedrig. Zahlreiche Softwarehäuser bieten mittlerweile auch Standardprogramme an, welche die typischen Bedürfnisse der meisten Unternehmen erfüllen. Und die Entwicklungskosten betragen in der Regel nur einen Bruchteil des Jahresbudgets einer gut gemachten Mitarbeiterzeitschrift.

Warum nutzen aber heute noch nicht alle Unternehmen ein Intranet zur Mitarbeiterkommunikation? Aus welchen Gründen tun sich gerade kleine und mittelständische Firmen weiterhin schwer mit dem neuen internen Medium, obwohl sie das Internet im täglichen Geschäftsbetrieb bereits einsetzen? Vielleicht, weil die Entscheidungsträger in Unternehmen den konkreten Nutzen und die spezifischen Leistungen eines Intranets nur unzureichend kennen. In diesem Kapitel werden die typischen Einsatzfelder sowie die Möglichkeiten zur Unterstützung von Informations- über Kommunikations- bis hin zu Arbeitsprozessen vorgestellt.

1.1 Einsatzfelder

Ob Intranet, Mitarbeiterportal oder Firmennetz – die unterschiedlichen Begriffe haben eine Grundidee gemeinsam. Die Internet-Technologie wird genutzt, um sich organisationsintern auszutauschen, Arbeitsabläufe zu unterstützen oder Dokumente zu verwalten. Das Intranet entwickelt sich dabei immer mehr zum Leitmedium der internen Kommunikation.

Im Unterschied zum Internet, dessen Informationsangebote für alle Nutzer in der Regel frei zugänglich sind, stellt das Intranet ein geschlossenes, nicht-öffentliches Computernetzwerk dar. Mit Hilfe eines Standard-Browsers, wie MS Internet Explorer, Firefox, Netscape oder Opera, können autorisierte Mitarbeiter auf Unternehmensinformationen zugreifen, Formulare ausfüllen, E-Mails versenden und an Diskussionsforen teilnehmen. Ein Intranet lässt sich grundsätzlich in allen Unternehmensbereichen einsetzen. Voraussetzung ist jedoch, dass die Mitarbeiter Zugang zum internen Firmennetz haben. Intranet-Anwendungen finden sich häufig aufgrund der Computerausstattung der Arbeitsplätze im Verwaltungs- oder EDV-Bereich. Im Produktionsbereich ist die Zahl der Computerarbeitsplätze meistens geringer, oft sind auch spezielle Warenwirtschaftssysteme im Einsatz, die noch nicht mit der Internet-Technologie kompatibel sind. Typische Einsatzfelder eines Intranets in Unternehmen sind in Abbildung 1 aufgeführt.

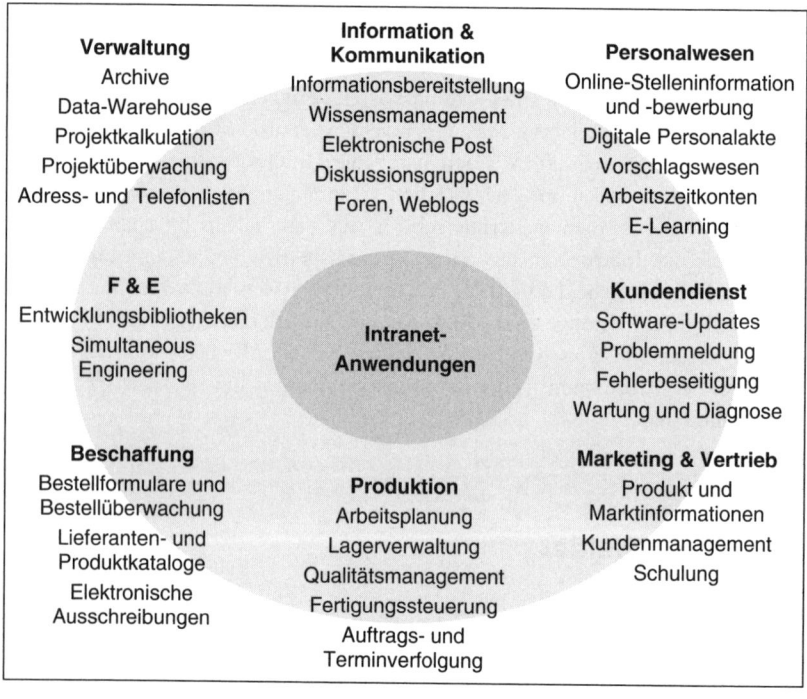

Verwaltung
Archive
Data-Warehouse
Projektkalkulation
Projektüberwachung
Adress- und Telefonlisten

Information & Kommunikation
Informationsbereitstellung
Wissensmanagement
Elektronische Post
Diskussionsgruppen
Foren, Weblogs

Personalwesen
Online-Stelleninformation
und -bewerbung
Digitale Personalakte
Vorschlagswesen
Arbeitszeitkonten
E-Learning

F & E
Entwicklungsbibliotheken
Simultaneous
Engineering

Intranet-Anwendungen

Kundendienst
Software-Updates
Problemmeldung
Fehlerbeseitigung
Wartung und Diagnose

Beschaffung
Bestellformulare und
Bestellüberwachung
Lieferanten- und
Produktkataloge
Elektronische
Ausschreibungen

Produktion
Arbeitsplanung
Lagerverwaltung
Qualitätsmanagement
Fertigungssteuerung
Auftrags- und
Terminverfolgung

Marketing & Vertrieb
Produkt und
Marktinformationen
Kundenmanagement
Schulung

Abbildung 1: Einsatzfelder des Intranets in Organisationen

In vielfältigen Organisationsbereichen lassen sich in der Praxis Intranet-Anwendungen verwirklichen. Dabei kann die Netztechnologie sowohl in produzieren-

den als auch in dienstleistenden Bereichen gleichermaßen genutzt werden, um
gezielt Informationen zu verbreiten. Meist beginnen Organisationen mit der
Publikation allgemeiner Unternehmensinformationen wie dem Geschäftsbericht
oder Pressemitteilungen und Informationen, die allen Mitarbeitern zur Verfügung gestellt werden, etwa Adressen, Verzeichnisse, Archive, Dokumentationen,
Listen sowie Organisations- und Arbeitshilfen. Typische Anwendungen finden
sich häufig im Personalbereich, zum Beispiel die Personaldatenverwaltung,
Datenerfassung für Lohn- und Gehaltsabrechnungen, Übersichten der Schicht-
und Einsatzpläne, interne Stellenausschreibungen, Aus- und Weiterbildungsin-
formationen, Stellenbeschreibungen, Arbeitsanweisungen, Organigramme und
ein Vorschlags- und Qualitätswesen. Ermöglicht werden zudem computerver-
mittelte Lernformen in Organisationen wie Web Based Trainings oder
E-Learning-Kurse, die eine Qualifizierung von Mitarbeitern am Arbeitsplatz
erlauben.

Zur Unterstützung der Tätigkeit der Geschäftsleitung und Führungskräfte
lassen sich zudem spezielle Management-Informationssysteme als geschlossene
Nutzergruppen des Intranets verwirklichen, die Daten zur Entscheidungsfindung bereitstellen. Management-Informationssysteme sind in der Regel als loka-
le Teilnetze aufgebaut, um den Zugriff der Benutzer zu beschränken.

Des Weiteren lässt sich in Beschaffungsabteilungen der Informationsaus-
tausch erleichtern. Fachliche Inhalte wie Marktübersichten, Informationen über
Anbieter, Kennzahlen, Rechtsfragen, Standardverträge und andere marktrele-
vante Informationen können in Intranets weltweit zugänglich bereitgestellt
werden.

In Marketingabteilungen können neben Markt- und Produktinformationen
auch Fakten über Wettbewerber gesammelt und online bereitgestellt werden.
Vertriebsaktivitäten, etwa die Abwicklung des Versands von Produkten, lassen
sich per Intranet steuern und überwachen. Intranet- und Internet-Anwendungen
können sich gegenseitig ergänzen, wenn Wertschöpfungsaktivitäten die Unternehmensgrenzen überschreiten. Beispielsweise lassen sich im Internet direkte
Vertriebskanäle aufbauen, welche die Kundenaufträge an das Intranet zur Bearbeitung weiterleiten.

Im Bereich der Produktion sind häufig noch Netzwerktechnologien im Einsatz, die nicht auf dem Internet-Protokoll basieren. Das Intranet eignet sich aber
als Integrationsplattform heterogener Informationssysteme und Datenbanken
und unterstützt damit den zentralen Zugriff auf verteilte Daten. Es lassen sich
zudem unterschiedlichste Geschäfts- und Arbeitsprozesse mit dem Intranet
effizient steuern.

Das Intranet erlaubt insgesamt einen schnellen und kostengünstigen Austausch von Informationen an Arbeitsplätzen und vernetzt bereits bestehende Softwaresysteme und Datenbanken. Als zentrales Arbeits- und Kommunikationsmedium in Organisationen bildet es die technologische Basis zur Informationsspeicherung, Mitarbeiterkommunikation und Arbeitsprozesssteuerung.

1.2 Information und Wissen

Der Siegeszug des Internets in Wirtschaft und Gesellschaft hat in den letzten Jahren zu einer Vervielfachung von Informationen geführt. Den Mitarbeitern gelingt es immer weniger, E-Mails, Websites, die interne Hauspost, aktuelle Fachzeitschriften, neueste Produktkataloge oder die Mitarbeiterzeitschrift eingehend zu studieren. Ein gut strukturiertes und organisiertes Intranet kann dem Unternehmen viel Zeit und Geld sparen – ein schlecht gestaltetes dagegen Ressourcen und Wettbewerbsvorteile kosten. Dämmt ein Intranet die zunehmende Informationsflut ein oder verstärkt es nicht sogar den „Information overload" der Mitarbeiter? Welche Rolle für Information und Wissen kann die Mitarbeiterkommunikation und interne Public Relations überhaupt spielen?

Eine Hauptaufgabe der Mitarbeiterkommunikation besteht in der Erarbeitung und dem Bereitstellen von zentralen Informationen für die Belegschaft. In Großunternehmen ist diese Funktion meist im Bereich der Unternehmenskommunikation oder im Personalwesen institutionell verankert. Kleinere Unternehmen verfügen dagegen häufig nicht über interne Kommunikationsabteilungen und nutzen eher klassische Berichtswege der Geschäftsleitung zur Information der Mitarbeiter. Mit der Einführung eines Intranets lässt sich eine zentrale Plattform zum Austausch von Kundendaten, Personaldaten, Finanzdaten, Produktionsdaten und zur Dokumentenablage aufbauen. Das Intranet kann in vielfältigen Wissensprozessen seine Stärken ausspielen sowie Wissen und Information für die Mitarbeiter zum Abruf bereitstellen. Nachfolgend sind zentrale Felder des Informations- und Wissensmanagements im Intranet aufgeführt.

Was gibt es Neues?

Nichts ist in der internen Kommunikation schlimmer als wenn Mitarbeiter aktuelle Unternehmensentwicklungen aus der Presse oder dem Rundfunk erfahren. Werden Betriebsteile ins Ausland verlagert, Arbeitsplätze abgebaut, Konkurrenten übernommen oder Rekordgewinne erzielt, dann sollten Mitarbeiter dies von Geschäftsleitung oder ihren Führungskräften erfahren. Je nach Rechtsform bestehen in Unternehmen unterschiedliche Informationspflichten, Mitarbeiter sollten aber mindestens genauso gut informiert werden wie Journalisten oder Aktionäre. Denn gut informierte Mitarbeiter sind eher motiviert und zu einer vertrauensvollen Zusammenarbeit bereit, als verunsicherte und sich bevormundet fühlende Mitarbeiter. Eine zentrale Nachrichtenplattform im Intranet kann das Personal aktuell informieren und wertschätzend in Unternehmensvorgänge einbeziehen. Gerade für die Unternehmensleitung bietet das Intranet die Gelegenheit, den Dialog mit den Arbeitnehmern aufzunehmen und positiv zu gestalten. Die Meinungsführerschaft lässt sich übernehmen bevor es andere tun. Die Mitarbeiter sind zudem häufig die überzeugendsten Botschafter des Unternehmens.

Aktuelle Informationen lassen sich zusätzlich noch regelmäßig per E-Mail-Newsletter an die Mitarbeiter verteilen. Häufig werden wichtige Informationen nochmals per E-Mail verschickt, um den selbstverantwortlichen Informations-Pull durch einen Informations-Push zu ergänzen. Grundsätzlich wandelt sich beim Intranet-Einsatz die Informationsbringschuld der Unternehmensspitze in eine Informationsholschuld der Mitarbeiter.

Wo befinden sich aktuelle Formulare, Dokumente und Daten?

Geschäftsvorgänge in Unternehmen werden in der Regel durch Formulare und Dokumente unterstützt. Um Reisekosten abzurechnen, Büroartikel zu bestellen, Urlaub zu beantragen, Mitarbeitergespräche zu führen, Produktionsprozesse zu steuern, gibt es zahlreiche Prozessbegleiter auf Papier oder bereits in elektronischer Form. Diese haben allerdings die unangenehme Eigenschaft, dass sie an Aktualität verlieren und ständig neu gestaltet werden. Ein Intranet kann als zentraler Datenspeicher alle aktuellen Unternehmensformulare, -dokumente und -daten bereitstellen. Sämtliche Mitarbeiter können auf den selben, aktuellen Bestand zugreifen – auch über Abteilungen und Standorte hinweg. Vorbei sind die Zeiten, in denen Mitarbeiter mit zigfach kopierten und bereits veralteten

Formularen ihre Reisekosten abrechnen wollten. Durch die zentrale Datenhaltung lassen sich Arbeits- und Verwaltungsprozesse beschleunigen sowie Zeit und Kosten sparen. Gerade auch für neue Mitarbeiter kann ein Intranet eine erhebliche Erleichterung sein, sich im Unternehmen zurechtzufinden.

Was berichten andere über das Unternehmen?

Im Medienzeitalter kann niemand mehr den Überblick über sämtliche Publikationen behalten. Gerade in Verkaufsgesprächen mit Kunden ist es wichtig zu wissen, was die Medien über das eigene Unternehmen berichten und wie Produkte bei Tests abgeschnitten haben. Ein tagesaktueller Medienspiegel im Intranet mit den wichtigsten Aussagen und Informationen kann die Mitarbeiter dabei unterstützen, in Gesprächen kompetent und informiert aufzutreten.

Welche Entwicklung gibt es bei Produkten, Projekten oder Kunden?

Hintergrundinformationen zur Entwicklung von Produkten, zum Stand von Projekten oder zu aktuellen Entwicklungen bei Kunden und Dienstleistern können die tägliche Arbeit der Mitarbeiter erleichtern. Die Mitarbeiter selbst, die über das entsprechende Fachwissen oder den Kundenkontakt verfügen, können im Intranet ihr Wissen weitergeben. Voraussetzung ist jedoch eine offene Kommunikationskultur im Unternehmen, die den Wissensaustausch anregt.

Wer macht was?

Ab einer bestimmten Größe ist es in Unternehmen unmöglich zu wissen, welcher Mitarbeiter für welche Aufgaben zuständig ist. Ein Intranet kann mehr Transparenz, aber auch kulturelle Identität schaffen, indem Mitarbeiter und ihr Aufgabengebiet porträtiert werden.

Wie mache ich was am besten?

Der Erfolg eines Unternehmens wird heute maßgeblich durch die Fähigkeit der Mitarbeiter bestimmt, ihr Wissen weiterzugeben und von anderen zu lernen. Ein

Intranet eröffnet den Mitarbeitern die Möglichkeit, Best-Practice-Beispiele ihrer Arbeit vorzustellen: Wie führe ich zum Beispiel erfolgreiche Verkaufsgespräche, welche Tipps gibt es für die Angebotserstellung, wie kann ich mein Telefonmarketing verbessern? Das Intranet kann die Basis von elektronischen Lernangeboten (E-Learning) oder sogar des Wissensmanagements sein und das Know-how in den Köpfen der Mitarbeiter einem größeren Kreis zur Verfügung stellen. Wichtig sind hierbei jedoch die konkreten Anreize für die Mitarbeiter, ihr Wissen weiterzugeben. Die Bereitstellung von Wissen kann durch so genannte „Wikis" unterstützt werden. Analog zur freien Enzyklopädie Wikipedia ermöglicht ein „Wiki" den Mitarbeitern, ihr Wissen im Unternehmen bereit zu stellen und es kann ein Prozess zwischen den Mitarbeitern zur Bearbeitung und Ergänzung dieser Wissensdatenbank angestoßen werden. „Wikis" ermöglichen grundsätzlich den Nutzern einer Website, die Inhalte selbstständig zu verändern. Das Wissen der Mitarbeiter kann auf diesem Weg integriert werden und es lassen sich Diskussionsprozesse anstoßen.

1.3 Kommunikation

Das Intranet schafft in Unternehmen auch völlig neue Formen der zwischenmenschlichen Kommunikation. Da Kommunikation zwischen Mitarbeitern eigentlich etwas Selbstverständliches sein sollte, wird in der Unternehmenspraxis nicht immer viel Aufmerksamkeit auf Kommunikationsprozesse gelenkt. Man trifft sich in Besprechungen, tauscht sich aus, telefoniert oder schreibt Memos, einen Kommunikationsplan und kommunikative Regelungen existieren aber nur in wenigen Unternehmen. Das Intranet deckt vorhandene Schwachstellen im Kommunikationssystem von Organisationen bedingungslos auf. Mit Einführung der computervermittelten Kommunikation, insbesondere von E-Mail, ist auch über die Rolle der etablierten Kommunikationsformen, insbesondere der, Face-to-face-Kommunikation nachzudenken. Routineaufgaben wie Terminabsprachen lassen sich problemlos auf elektronischem Weg erledigen. Komplexere Themen und Fragestellungen, die ein rasches Feedback und Interaktion erfordern, können effektiv nur in persönlichen Besprechungen oder Gesprächen behandelt werden. Die Face-to-face-Kommunikation dient durch das Intranet noch stärker als bisher zum Aufbau von persönlichen Beziehungen. Mit der Einführung eines Intranets kommt daher nicht nur ein neues Medium im Unternehmen hinzu, sondern es verändert sich das gesamte Kommunikationssystem. Die Integration eines Intranets in die Mitarbeiterkommunikation ist daher eine strategische Aufgabe, welche jede Organisation vor die Herausforderung des Veränderungsmanagements stellt. Welche neuen Kommunikationsformen ermöglicht aber überhaupt ein Intranet?

E-Mail-Kommunikation

Kein Medium hat in den letzten Jahren die Kommunikation in Unternehmen, aber auch allgemein in Wirtschaft und Gesellschaft verändert wie E-Mail bzw. die Elektronische Post. Kaum ein Medium hat aber auch die Mitarbeiter vor die Herausforderung des Managements der Informationsflut und des Umgangs mit Spam-Mails, Viren und anderen Sicherheitsrisiken gestellt.

Eine E-Mail-Nachricht besteht in der Regel aus Text, grundsätzlich lassen sich aber auch digitalisierte Daten unterschiedlichster Art, zum Beispiel Bild, Ton oder Bewegtbilder verschicken. Der Aufbau einer E-Mail ist vergleichbar mit dem eines klassischen Briefes samt Adresse, Betreff, Inhalt und Absender. Die Nachricht wird nicht direkt an den Empfänger bzw. Zielrechner gesendet, sondern in einem elektronischen Briefkasten (Mailbox) eines Netzwerkcomputers (Mail-Server) zwischengespeichert. Damit wird gewährleistet, dass der Computer des Empfängers nicht ständig betriebsbereit sein muss. Der Empfänger kann zu einem beliebigen Zeitpunkt den „Mail-Server" abfragen, ob neue Nachrichten eingetroffen sind. Diese werden ihm dann angezeigt und können beantwortet werden. E-Mail ist damit ein Medium der Text- und Datenkommunikation, das weltweit und asynchron den Austausch aktueller Nachrichten ermöglicht.

E-Mails werden in der Praxis sehr häufig zur schnellen Information der Mitarbeiter genutzt. Das Intranet bietet eine hervorragende Plattform, um rasch eine große Zahl an Mitarbeitern, auch an unterschiedlichen Standorten, zu erreichen. Ohne große Umstände können so aktuelle Entwicklungen und Nachrichten im Unternehmen kommuniziert werden. Insbesondere im Fall von Unternehmenskrisen stellen E-Mails heute ein zentrales Kommunikationsmedium dar, das zeitnah aktuellste Entwicklungen transportieren kann.

Per E-Mail lassen sich leicht Hintergrundinformationen zu Geschäftsvorgängen verbreiten, da als Anhang zu E-Mails beliebige Dokumente gespeichert werden können. Dies führt in der Praxis aber nicht selten dazu, dass Mitarbeiter Dokumente an große Verteilergruppen in Unternehmen versenden und damit die Kapazität der Unternehmensnetze belasten. Netzwerkadministratoren beklagen zudem häufig, dass Dokumente in persönlichen Mailboxen der Mitarbeiter gespeichert und nicht auf zentralen Datenservern abgelegt werden. In der Praxis ist daher die Kapazität der Mailboxen beschränkt, um Speicherkapazitäten einzusparen und das Unternehmensnetzwerk nicht unnötig zu strapazieren.

E-Mails ermöglichen zudem die persönliche Ansprache der Mitarbeiter, da auch individuelle und zwischenmenschliche Botschaften vermittelt werden können. Ob zwischen Mitarbeitern oder zwischen Vorgesetzten und Mitarbeitern, häufig wird in E-Mails auch die Beziehungsebene gepflegt. Für die Geschäftsleitung bietet ein Intranet zudem die Möglichkeit, die Mitarbeiter direkt anzusprechen und Feedback von den Mitarbeitern zu erhalten. Auch wenn aus Sicht der Mitarbeiter E-Mails von der Geschäftsleitung häufig nur als Informationsmitteilungen aufgefasst werden, so besteht doch grundsätzlich das Angebot, mit der Geschäftleitung Kontakt aufzunehmen, was vor Nutzung eines Intranets in den Unternehmen nur sehr schwierig möglich war. Die Praxis zeigt zudem deutlich, dass die E-Mail-Kommunikation zunehmend die etablierten Informationswege in Unternehmen aufbricht und die Kommunikation direkter verläuft und Hierarchien überspringt.

E-Mails werden in Unternehmen vor allem zur Information eingesetzt; zur Meinungs- und Imagebildung dienen dagegen stärker die Face-to-face-Kommunikation und auch gedruckte Medien wie die Mitarbeiterzeitschrift, die emotionale und imagebildende Botschaften nachhaltiger transportieren können.

Diskussionsgruppen / Newsgroups und Weblogs

Diskussionsgruppen bzw. Newsgroups unterstreichen den interaktiven Charakter des Intranets und können zum verstärkten Austausch der Unternehmensmitglieder untereinander beitragen. Im Gegensatz zu zentral durch eine Redaktion bereitgestellten Informationen und Beiträge wird den Mitarbeitern die Möglichkeit eingeräumt, vorgegebene oder offene Themen zu diskutieren. Die einzelnen Diskussionsbeiträge können hierbei mit oder ohne Freigabe durch eine Intranet-Redaktion im Unternehmen veröffentlicht werden. In Weblogs können Mitarbeiter im Stil eines Tagebuchs ihre individuellen Erfahrungen und Erlebnisse veröffentlichen und damit ebenfalls Diskussionen im Unternehmen anregen.

Diskussionsgruppen werden in der Unternehmenspraxis immer häufiger genutzt, um Hintergrundinformationen zu bestimmten Themen zu verbreiten oder zur Meinungsbildung im Unternehmen beizutragen. Aber auch zum fachlichen Austausch, beispielsweise über Vertriebsfragen, technische Lösungen, Marktentwicklungen, Konkurrenzverhältnisse oder allgemein bei unterschiedlichsten Problemlagen, lassen sich Diskussionsgruppen hervorragend einsetzen. Häufig werden Fragen beantwortet, die sich andere Mitarbeiter im Unternehmen ebenfalls stellen. Diskussionsgruppen dienen daher auch zum Wissensaustausch im Unternehmen.

Art und Umfang der Diskussionsbeiträge können stark variieren und sind abhängig von der gelebten Kommunikationskultur im Unternehmen. Von kurzen, umgangssprachlichen Texten bis hin zu ausformulierten Fachbeiträgen reicht die Bandbreite. Der Leser kann den Verlauf der Diskussion mitverfolgen und erhält damit Einsichten in unterschiedliche Positionen und Standpunkte. Gerade bei kontroversen Themen und Diskussionen kann der Prozess der Meinungsbildung nachvollzogen werden. Für die Akzeptanz von Diskussionsgruppen ist – neben dem Vorhandensein einer ausreichenden Zahl an Diskutierenden – entscheidend, dass offen gelegt wird, ob die Geschäftsleitung und Führungskräfte die Diskussion mitverfolgen können. Häufig werden Diskussionsrunden abrupt abgebrochen, wenn Vorgesetzte sich beteiligen und den Diskutierenden plötzlich klar wird, dass die Diskussionsbeiträge unternehmensweit öffentlich sind. Eine anonyme Diskussion ist technisch zwar möglich, wird aber in Unternehmen nur selten praktiziert.

Kommunikationsforen / Chats

Im Gegensatz zu Diskussionsgruppen wird in Kommunikationsforen bzw. Chats in Echtzeit kommuniziert. Zeitgleich können Kollegen, Vorgesetzte oder die Geschäftsleitung Themen diskutieren. In der Praxis werden Kommunikationsforen allerdings nur in Einzelfällen eingesetzt. In einigen Unternehmen ist es mittlerweile üblich, dass die Geschäftsleitung Online-Sprechstunden mit den Mitarbeitern anbietet. Mitarbeiter können dann direkt mit Geschäftsführern und Vorständen in Kontakt treten und Fragen stellen oder Standpunkte vertreten. In der Regel wird diese Form der Kommunikation eher in größeren und internationalen Unternehmen eingesetzt, um den Mitarbeitern die Gelegenheit zu geben, die Geschäftsleitung besser kennen zu lernen und sich einen persönlichen Eindruck zu machen. Teilweise werden Chats für die Mitarbeiter auch im Anschluss oder parallel an Webcasts (Online-Referate) bzw. Business-TV-Sendungen mit der Geschäftsleitung oder Fachexperten angeboten. Unkompliziert können dann Mitarbeiter Fragen stellen und einzelne Themen weiter vertiefen.

1.4 Arbeitsabläufe und Workflows

Das Intranet verändert nicht nur die Information und Kommunikation, sondern auch den Arbeitsalltag in Organisationen. Die neue Netztechnologie kann vorhandene Geschäftsprozesse verbessern oder innovative Arbeitsvorgänge etablieren, die zu Wettbewerbsvorteilen für das Unternehmen führen können. Seit es die moderne Datenverarbeitung gibt, werden Prozesse optimiert, um Geld, Zeit und Ressourcen bestmöglich einzusetzen. Ob in der Warenwirtschaft, der Beschaffung, Produktionsplanung, dem Vertrieb oder der allgemeinen Verwaltung, unterschiedlichste EDV-Anwendungen unterstützen heute Arbeitsabläufe in Unternehmen. Das Intranet bietet nun die Chance, die verschiedenen Systeme miteinander zu vernetzen und einen einheitlichen technischen Standard zum Austausch und zur Verknüpfung der Anwendungen zu etablieren. Unterschiedliche technische Welten können durch das Intranet zusammenwachsen und technologische Brüche lassen sich überwinden.

Workflows und Anträge

Papier ist in vielen Unternehmen nach wie vor das wichtigste Medium, wenn es um die Steuerung von Arbeits- und Verwaltungsabläufen geht. Das Intranet als elektronisches Medium ermöglicht heute aber komfortablere und effizientere Möglichkeiten, um Vorgänge abzuwickeln und zu steuern. Bei Vorgängen in Unternehmen geht es meist darum, Informationen mitzuteilen, Entscheidungen herbeizuführen, Maßnahmen zu veranlassen und Vorgänge zu dokumentieren.

Um beispielsweise Urlaub zu beantragen, muss man sich mit Vorgesetzten und Kollegen abstimmen, ein Papierformular ausfüllen, dieses unterzeichnen lassen und in die Personalabeilung geben. Ein elektronisch gestützter Automatismus, der den Entscheidungs- und Informationsfluss abbildet, kann wesentlich den Vorgang erleichtern. Im Intranet kann ein Mitarbeiter ein Urlaubsantragsformular ausfüllen, das automatisch an den zuständigen Vorgesetzten weitergeleitet wird. Dieser entscheidet, unter Berücksichtigung möglicher Vorgaben der Personalabteilung, über die Bewilligung und im positiven Fall wird der bewilligte Urlaub in die Urlaubsübersicht eingetragen, das Urlaubskonto der Personalabteilung aktualisiert und der Mitarbeiter informiert. Auf diese Art und Weise können vielfältige Vorgänge in Organisationen, zum Beispiel Dienstreiseanträge, Reisekostenanträge, Beschaffungsanträge, aber auch Produktions- und Vertriebsvorgänge elektronisch abgewickelt werden. Nicht jeder Vorgang lässt sich aber sinnvoll im Intranet steuern. Entscheidend ist, ob die Häufigkeit, Dynamik und die erzielten Rationalisierungseffekte es rechtfertigen, den Ablauf elektronisch abzubilden. Die Einführung eines Intranets führt aber in der Regel dazu, die vorhandenen Prozesse in Unternehmen zu analysieren und zu überprüfen.

Teamarbeit

Der Einsatz technischer Medien verändert den Arbeitsalltag in Organisationen. Genau so wie die Verbreitung des Telefons und des Telefax die Arbeitsweise in Unternehmen geprägt haben, verändert das Intranet die Zusammenarbeit zwischen Mitarbeitern. Das Intranet verändert Arbeitsabläufe in Teams und stellt mehr Transparenz her. Arbeitsübersichten, gemeinsame Kalender der Teammitglieder, Pläne und To-Do-Listen erleichtern die Zusammenarbeit und die Teilung von Wissen und Ressourcen. Das Intranet ermöglicht aber auch Projektteams, weltweit verteilt zu kooperieren. Mitarbeiter und Fachexperten können gezielt ihre spezifischen Fähigkeiten einbringen. Der Computer vernetzt nicht nur Daten und Informationen, sondern auch Mitarbeiter. Für die Telearbeit geeignet sind insbesondere Tätigkeiten, die einen hohen Autonomiegrad aufweisen, d.h. keine permanente persönliche Anwesenheit voraussetzen und sich auch dezentral mit modernen Informations- und Kommunikationstechnologien durchführen und steuern lassen. Telearbeit und Telekooperation bieten vor allem in jenen Bereichen der Organisation Vorteile, die ohnehin auf Fernkommunikation oder Kundennähe angewiesen sind, wie zum Beispiel der Außendienst mit mobilen Mitarbeitern oder Arbeitsfelder mit informatisierten Inhalten. Weniger geeignet sind dagegen herstellende oder handwerkliche Tätigkeiten.

Projekt- und Dokumentenmanagement

Ein Intranet kann auch die Projektarbeit durch Unterstützung von Prozessen erleichtern. Verschiedenste Anwendungen sind denkbar, um eine verbesserte Transparenz über den Projektverlauf herzustellen und die Projektsteuerung zu vereinfachen. Mitarbeiter erhalten Einsicht über den Projektverlauf und Arbeitsprozesse können automatisiert angestoßen werden bzw. Fehlentwicklungen können frühzeitig erkannt werden. Eine projektorientierte Dokumentenverwaltung vereinfacht die Zusammenarbeit und das Auffinden von Dokumenten.

Nicht nur die Mitarbeiter müssen teamfähig sein, sondern auch die eingesetzte
Software.

1.5 Technik

Intranets gibt es in unterschiedlichsten Formen und Ausprägungen – vom weltweit umspannenden Computernetz multinationaler Konzerne bis hin zu lokalen,
an einen oder wenigen Standorten konzentrierten Netzwerken kleiner und mit-
telständischer Unternehmen. Die Anwendungen eines Intranets können sehr
unterschiedlich sein. Die Palette reicht vom bloßen Informationsabruf bis hin
zu komplexen Arbeitsprozessen und Dokumenten- und Wissensmanagement-
systemen. Entsprechend vielfältig können auch die technischen Voraussetzungen sein. Ein wichtiger technischer Aspekt ist die Sicherheit des Intranets vor
unbefugter Benutzung und der Ausbreitung von Viren, Würmern und anderen
Schädlingen der EDV-Infrastruktur.

Im Folgenden werden die Mindeststandards eines gut funktionierenden und
einfachen Intranets dargestellt. Die Anforderungen an Rechner, Netzwerk,
Server und Datenbanken sind oftmals viel geringer als allgemein angenommen
wird. Häufig sind in Unternehmen bereits ein Standardnetzwerk, ein Server-
rechner, Datenbanken, E-Mail-Server und Computerarbeitsplätze mit Web-
Browser und E-Mail-Programm vorhanden.

Server und Clients

Das grundlegende Konzept für das Arbeiten im Intranet ist der Client-Server-
Aufbau. Auf einem zentralen Intranet-Server, einem Art Hauptrechner, sind die
Serversoftware und die Intranet-Anwendungen installiert. Auf dem Client, dem
Einzelplatzrechner, befindet sich ein Web-Browser als Software zur Steuerung
des Servers und der Intranet-Anwendungen. Die Clients kommunizieren mit
dem zuständigen Server. Der Web-Browser eines Clients schickt zum Beispiel
eine Anfrage nach einer bestimmten Website zum zentralen Intranet-Server.
Der Server bearbeitet die Anfrage und findet die entsprechende Seite. Die Daten werden an den Browser geschickt und die Seite erscheint auf dem Bildschirm des Einzelplatzrechners.

Der Intranet-Server kann mehrere Funktionen gleichzeitig wahrnehmen und mit verschiedenen Serverprogrammen ausgestattet sein. Beispielsweise kann er auch als E-Mail-Server, Datei- oder Datenbank-Server dienen. Er hat immer die Aufgabe, Anfragen der Clients zu bearbeiten, zentrale Daten zu speichern und Software-Anwendungen, zum Beispiel die Verwaltung von Urlaubsanträgen, auszuführen.

Die Rechenlast wird bei der Client-Server-Struktur primär vom Server getragen. Die Server-Hardware sollte daher entsprechend leistungsfähig und für den Dauerbetrieb ausgelegt sein. Ein herkömmlicher PC ist schnell mit dieser Aufgabe überfordert, es sollte daher ein vom Hersteller ausdrücklich als Server konzipierter Rechner mit einem hohen Qualitätsstandard eingesetzt werden.

Heutige handelsübliche Computer oder Notebooks sind als Intranet-Clients durchweg einsetzbar. Die Rechenleistung reicht auf jedem Fall für die Nutzung eines Web-Browsers und eines E-Mail-Programms aus. Die Clients müssen, um intranetfähig zu sein, eine Netzwerkkarte aufweisen. Je nach Art des Zugangs – stationär oder mobil über Funk – muss die Netzwerkkarte eine entsprechende Leistungsfähigkeit aufweisen.

Netzwerk

Als Standard für die Verbindung der Clients und Server über Netzwerkkabel hat sich das Ethernet etabliert. Als Transportprotokoll eines Intranets wird das auf der Paketvermittlung basierende TCP/IP-Protokoll (Transmission Control Protocol/Internet Protocol) verwendet, das sich durch eine Unabhängigkeit von der technischen Plattform und eine große Verbreitung auszeichnet. Heterogene Systemumgebungen unterschiedlicher Basisarchitektur und Betriebssysteme sind damit in der Lage, Daten und Befehle auszutauschen. Eine Verbindung zwischen zwei Rechnern wird mit so genannten IP-Nummern aufgebaut. Daten werden nicht wie bei einer Standleitung als ununterbrochener Strom, sondern als eine Folge von kleinen Datenpaketen übermittelt. Die Übertragung der Datenpakete wird hierbei auf die Einhaltung der Reihenfolge, Verfälschungen und Verluste überprüft.

Intranet-Software

Je nach den konkreten Anwendungen des geplanten Intranets, gibt es eine Vielzahl an Software-Angeboten auf dem Markt. Zu unterscheiden sind individuell programmierte Lösungen, die genau auf die Bedürfnisse eines Unternehmens zugeschnitten sind, und Standardangebote einer Portal-, Contentmanagement- oder Intranet-Software „out of the box", welche die gängigsten Anforderungen eines Intranets erfüllen. Die Paketlösungen lassen sich häufig einfacher und schneller implementieren, spezielle Erweiterungen und die Integration einer eventuell bereits bestehenden EDV-Infrastruktur können allerdings aufwendiger sein.

Neben den eigentlichen Intranet-Software-Angeboten gibt es noch weitere Softwareprodukte, die nicht als solche bezeichnet werden, aber ebenfalls Intranetfunktionen erfüllen. Beispielsweise bieten die gängigen Groupware-Systeme, die zur verteilten Zusammenarbeit von Mitarbeitern gedacht sind, bereits Intranetfunktionen wie E-Mail, Kalender, Ressourcenverwaltung, Dokumentenverwaltung und Aufgabenmanagement. Diese Systeme lassen sich mittlerweile auch als Softwarebasis eines Intranets einsetzen.

Häufig basieren die Inhalte eines Intranets technologisch auf Datenbankanwendungen, insbesondere falls ein Redaktions- und Contentmanagementsystem verwendet wird. Der eigentliche Inhalt einer Intranet-Seite wird dann von der grafischen Aufbereitung, die sich an so genannten Design-Templates als Vorlage orientiert, getrennt gespeichert. Dies erlaubt eine komfortable, datenbankbasierte Verwaltung der Inhalte. Änderungen und inhaltliche Ergänzungen sind von den Redakteuren auch ohne Programmierkenntnisse leicht möglich, da die einzelnen Seiten nicht individuell in HTML (Hyper Text Markup Language) erstellt werden müssen.

2. Mitarbeiterkommunikation im Intranet

„Content is King!" – nicht nur für das Internet, sondern auch im Intranet sind die Qualität und der Umfang der Inhalte für die Akzeptanz und Nutzung von entscheidender Bedeutung. Die beste Technologie ist wirkungslos, wenn die Inhalte fehlen, nicht gepflegt werden und die Mitarbeiter den Eindruck gewinnen, die bereitgestellten Informationen und Kommunikationsangebote sind für die tägliche Arbeit wertlos. Im Medienzeitalter können sich die betrieblichen Medien nicht der allgemeinen Medienentwicklung verschließen. Mitarbeiter erwarten heute von den redaktionellen Inhalten des Intranets die Professionalität und Qualität einer publizistischen Internet-Plattform. Die betrieblichen Medien und Redaktionen müssen sich dieser Herausforderung stellen, um Erfolg zu haben.

Welche Möglichkeiten gibt es, Inhalte im Intranet aufzubereiten und wie lässt sich die Redaktion der Inhalte in der Praxis organisieren? In diesem Kapitel werden die wichtigsten textlichen Darstellungsformen, die zentralen Formen der grafischen und multimedialen Aufbereitung sowie die Prozesse der Redaktion und des Contentmanagements vorgestellt.

2.1 Darstellungsformen für Inhalte

Die Beherrschung publizistischer Darstellungsformen gehört zum Handwerkszeug der Mitarbeiterkommunikation. Nicht nur in klassischen Medien wie der Mitarbeiterzeitschrift, sondern auch im Intranet gilt: Die Inhalte müssen in eine mediengerechte Form gebracht und interessant aufbereitet werden. Publizistische Techniken zur Aufbereitung von Themen der Mitarbeiterkommunikation im Intranet sind grundsätzlich:

- **Aktualisieren:** Themen im Unternehmen, an denen kontinuierlich gearbeitet wird, lassen sich im Intranet regelmäßig aktualisieren.
- **Illustrieren:** Viele Fragestellungen sind so komplex, dass die Mitarbeiter für Übersichten und das Aufzeigen von Zusammenhängen dankbar sind. Ab-

strakte Themen können zum Beispiel durch Schaubilder, die Zusammenstellung von Pro und Contra, Fragen und Antworten illustriert werden.

- **Fokussieren:** Ein zentraler Aspekt eines Themas kann im Intranet hervorgehoben werden. Ein Detail oder eine besondere Ausprägung lässt sich hinterfragen und analysieren.
- **Personalisieren:** Komplexe Themen lassen sich auch über handelnde Personen vermitteln. Es kann anschaulicher sein, ein Interview mit einem Mitarbeiter zu veröffentlichen oder persönliche Erfahrungen zu beleuchten.
- **Extrapolieren:** Die Folgen eines bestimmten Themas können dargestellt werden. Es lässt sich verdeutlichen, was eine bestimmte Entwicklung im Unternehmen für die Mitarbeiter bedeutet.

Die technischen Möglichkeiten des Intranets bieten neben den klassischen informativen auch neue interaktive Formen. Es lassen sich tatsachen- und meinungsbetonte sowie interaktive Darstellungsformen von Inhalten im Intranet unterscheiden, die nachfolgend vorgestellt werden.

Tatsachenbetonte Formen

Die Publikation von Inhalten im Intranet sollte sich zur besseren Akzeptanz an den allgemeinen Lese- bzw. Rezeptionsgewohnheiten orientieren. Im deutschen Journalismus ist es üblich, strikt zwischen Nachricht und Meinung zu trennen. Auf den ersten Blick sollte erkennbar sein, ob ein Sachverhalt oder ein Ereignis referiert wird oder der Verfasser seine eigene Meinung darstellt. Bei den tatsachenbetonten Formen versucht der Autor, den Sachverhalt möglichst objektiv ohne eigene Meinungsäußerung wiederzugeben.

Nachricht

Die Nachricht oder Meldung ist die kürzeste Darstellungsform und lässt sich zur Wiedergabe einer aktuellen Information, eines Ereignisses oder eines Sachverhalts einsetzen. Die zu meldende Tatsache sollte für die Zielgruppe neu und wichtig sein. Stilistisch ist die Nachricht nüchtern und sachlich. Sie hat einen hierarchischen Aufbau, das heißt, das Wichtigste kommt zuerst bzw. jeder folgende Absatz ist weniger wichtig als der vorherige. Jede Nachricht sollte sechs publizistische W-Fragen beantworten: Wer? Was? Wo? Wann? Wie? und Warum?

Nachrichten lassen sich hervorragend per Intranet verbreiten, da das Medium Inhalte rasch publiziert und kurze Textmeldungen problemlos von den Nutzern am Bildschirm gelesen werden können.

Bericht

Der Bericht ist eine längere Form der Nachricht. Der Leser soll möglichst gründlich und wahrheitsgetreu über ein Ereignis informiert werden. Der Bericht kann über die reinen Nachrichtenfakten hinaus Hintergründe, Zusammenhänge, Vorgeschichten und andere wichtige Aspekte des gemeldeten Ereignisses berücksichtigen. Beim Bericht steht aber die Person des Schreibers im Hintergrund, der Leser soll vor allem informiert werden und das Geschehen bleibt im Bericht das Wichtigste. Der Bericht ist ähnlich gegliedert wie die Nachricht, allerdings wird der hierarchische Aufbau auf gesamte Absätze angewandt. Der erste Absatz, das so genannte Lead, sollte die sechs W-Fragen beantworten und die wichtigsten Fakten enthalten.

Berichte im Intranet können aktuelle Informationen und Hintergrundwissen für die Mitarbeiter bereitstellen. Für längere Berichte sollte allerdings eine Printversion zum Ausdrucken bereitgestellt werden, um das Lesen zu vereinfachen, da nicht jeder Mitarbeiter es gewohnt ist, umfangreiche Texte am Bildschirm zu lesen.

Foto, Video, Schaubild, Audiosequenzen

Fotos, Videos und Schaubilder sind optische Pendants zur Nachricht. Sie sind quasi die Bildnachricht und meist eine Momentaufnahme des Zeitgeschehens. Sie können für sich alleine stehen oder in Kombination mit einem Text ein Thema oder ein Ereignis illustrieren. Audiosequenzen ergänzen eine Nachricht zudem akustisch.

Fotos, Videos, Schaubilder und Audiosequenzen lockern Webseiten eines Intranets auf und mit ihnen lässt sich die Aufmerksamkeit der Nutzer gezielt lenken.

Reportage

Die Reportage ist ein tatsachenbetonter, aber persönlich gefärbter Erlebnisbericht. Sie kombiniert eine objektive Recherche und die subjektive Auswahl von Tatsachen mit subjektiven Eindrücken, aber nicht mit Meinungen. Ermöglicht wird eine Wirklichkeitsschilderung mit subjektiven Mitteln, die über die reinen Fakten hinaus geht, Ereignisse in Handlungen auflöst und damit Erlebnisse vermittelt. Der Reporter lässt damit den Leser an Ereignissen und Emotionen teilnehmen. Eine Variation der Reportage ist das Porträt als lebendige Vorstellung einer Persönlichkeit.

Mit Reportagen lassen sich im Intranet konkret, anschaulich und farbenreich Fakten aus einer subjektiven Perspektive vermitteln. Die Reportage-Startseite sollte eine Übersicht mit Links auf die einzelnen Abschnitte enthalten. Am Schluss der Reportage können weiterführende Links und Hinweise aufgeführt werden. Die Informationsdichte kann durch das Bereitstellen von Fotos, Video- und Audiosequenzen erhöht werden. Auch für die Reportage gilt: eine Printversion zum Ausdrucken sollte aufgrund der größeren Textlänge zum entspannteren Lesen bereitgestellt werden.

Feature

Das Feature ist eine mit der Reportage verwandte Darstellungsform und ist ein Sammelbegriff für alle publizistischen Formen, die einen an sich undramatischen bzw. spröden Stoff durch journalistische Effekte beleben und anschaulich, bildhaft und facettenreich vermitteln. Das Feature versucht das Charakteristische eines Themas deutlich zu machen (Feature = Wesenszug, charakteristisches Merkmal). Mit dem Feature sollen abstrakte Nachrichtenstoffe in anschauliche, szenische Beschreibungen umgesetzt werden. Obwohl die Übergänge zwischen Reportage und Feature fließend sind, gibt es typische Unterscheidungsmerkmale: Die Reportage nutzt die subjektive Sicht zur Wirklichkeitsschilderung, das Feature veranschaulicht dagegen mit den Stilmitteln der Reportage abstrakte Sachverhalte.

Features eignen sich in der Mitarbeiterkommunikation hervorragend, um komplexe Vorgänge und Sachverhalte anschaulich und spannend darzustellen, und werden in der Praxis daher häufig eingesetzt. Aktuelle Ereignisse oder Hintergründe lassen sich mit den Stilelementen auflockern und können dem Intranet-Nutzer lebendig, anschaulich und auf eine attraktive Weise angeboten werden. Wie bei der Reportage kann die Informationsdichte durch Webelemente erhöht werden. Aufgrund der größeren Textlänge sollte wiederum auf die Bereitstellung einer Printversion Wert gelegt werden.

Interview

Das Interview ist ein Dialog zwischen Gesprächspartnern, das über eine Meinung oder einen Sachverhalt informiert. Das Sachinterview soll den Hintergrund einer Nachricht erhellen und erklärt eine Sache. Beim Interview zur Person rückt der Interviewte in den Vordergrund und es werden die Persönlichkeit und der Charakter dargestellt. Beim Statement wird lediglich eine Meinung zu einem Thema eingeholt, bei der Diskussion bzw. dem Rundgespräch führt der Interviewer ein Gespräch mit mehreren Teilnehmenden.

Interviews geben dem Intranet eine persönliche Note. Mitarbeiter, Führungskräfte oder die Geschäftsleitung können charakterisiert werden oder sich zu Vorgängen und Ereignissen im Unternehmen äußern. Interviews können nicht nur schriftlich, sondern auch per Videos und Audiofiles ins Intranet gestellt werden. Es lassen sich auch einige zentrale Aussagen publizieren und das Interview in voller Länge als Download anbieten.

Tipps

Tatsachenbetonte Stilformen

- Schaffen Sie Ordnung: Richten Sie Rubriken für unterschiedliche Stilformen ein.
- Geben Sie Übersicht: Fassen Sie Kernaussagen in Kurztexten, so genannten Teasern zusammen.
- Gliedern Sie längere Texte in einzelne Abschnitte und geben Sie Überblick über die einzelnen Bestandteile geben.
- Beantworten Sie die publizistischen W-Fragen.
- Das Wichtigste kommt zuerst.
- Einzelheiten gehören in den Text nach der Kernaussage/Teaser.
- Vorgeschichte, Hintergründe, Schaubilder auf verschiedene Seiten aufteilen.
- Unverfälschte Faktenwiedergabe.
- Keine eigene Meinungsäußerung, um die Glaubwürdigkeit zu erhöhen.
- Vor-Ort-Recherche betreiben, nicht nur Online-Recherche.
- Audio und Video gezielt einsetzen, um Text und Foto zu ergänzen.
- Printversionen bei längeren Texten zum Ausdruck bereitstellen.

Meinungsbetonte Formen

Ein Intranet ist ein betriebliches und kein journalistisches Medium. Es verfolgt nicht die öffentliche Aufgabe, Kritik zu üben und an der gesellschaftlichen Meinungsbildung mitzuwirken. Aber um mehr Glaubwürdigkeit und Akzeptanz bei den Mitarbeitern zu erzielen ist es durchaus sinnvoll, auch meinungsbetonte Darstellungsformen in der Mitarbeiterkommunikation einzusetzen. Die meinungsbetonten Formen ergänzen Nachrichten, deuten diese subjektiv, stellen sie in einen Zusammenhang und bewerten sie. Hierbei sind allerdings insbesondere die Interessen des Unternehmens zu berücksichtigen, da die Mitarbeiterkommunikation – je nach vorherrschender kommunikationspolitischer Grundhaltung der Unternehmensleitung – neben mitarbeiterorientierten Zielen auch Unternehmensziele verfolgt.

Kommentar

Der Kommentar analysiert, interpretiert, erklärt und bewertet aktuelle Ereignisse und Meinungsäußerungen. Grundsätzlich ist jeder Sachverhalt kommentierbar. Der Kommentar hat in der Mitarbeiterkommunikation primär die Aufgabe der Orientierung, aber auch der Stellungnahme, falls die Unternehmenskultur Stellungnahmen auch von Mitarbeitern erlaubt. Der dem Kommentar zugrunde liegende Sachverhalt sollte parallel in einem tatsachenbetonten Artikel erläutert werden. Mit Kommentaren lassen sich beispielsweise Entscheidungen in Unternehmen transparent machen und Verständnis sowie Akzeptanz für sie herstellen. Im Gegensatz zum Kommentar gibt ein Leitartikel die Meinung der Redaktion wieder. Die Glosse ist ein kurzer Meinungsartikel, der einen Gesichtspunkt eines Themas meist ironisch überzogen kommentiert. Die Glosse bietet die Gelegenheit, zwischen den Zeilen oder mit Humor auf Missstände hinzuweisen.

Kommentare sind für den Gesamtauftritt des Intranets sehr wichtig. Sie ermöglichen es, Meinungen, Ansichten und Einstellungen in Unternehmen aufzuzeigen und können damit einen internen Diskurs auslösen. Die handelnden Personen können Entscheidungen und Handlungsmotive erläutern und damit mehr Transparenz für ihr Tun schaffen. Allerdings sollten Kommentare gezielt und sparsam dosiert eingesetzt werden, um ein ausgewogenes Verhältnis zwischen tatsachen- und meinungsbetonten Formen zu gewährleisten.

Kritik

Die Kritik kann im Intranet eingesetzt werden, um Produkte oder Vorgänge im Unternehmen vorzustellen und zu bewerten. Eine gute Kritik stellt Stärken und Schwächen heraus, begründet die Einschätzung und stellt Bezüge her. Sie ist präzise, konkret und bietet eine Entscheidungshilfe. Als Instrument des betrieblichen Qualitätsmanagements können Kritiken genutzt werden, um Verbesserungsprozesse anzustoßen. Kritiken können im Intranet Meinungen und Erfahrungen wiedergeben. Weniger als Ergänzung zu einer Nachricht, sondern mehr als Meinungsäußerung zu Produkten oder betrieblichen Prozessen, leisten sie einen wichtigen Beitrag zum Austausch der Akteure im Unternehmen. Hierbei können die Mitarbeiter auch interaktiv in den Prozess der Kritik einbezogen werden.

Tipps

Meinungsbetonte Stilformen
- Lassen Sie bereits im Kurztext/ Teaser den Meinungsbeitrag erkennen.
- Bringen Sie Ihre persönliche Aussage auf den Punkt.
- Machen Sie Ihre persönlichen Bewertungskriterien transparent.
- Verzichten Sie im Zweifelsfall auf ironische Beiträge oder kennzeichnen Sie diese deutlich.
- Setzen Sie weiterführende Links ein: beispielsweise zu Hintergrundinformationen, zum Diskussions- oder Chatforum.
- Bieten Sie die Möglichkeit zum Dialog mit den Intranet-Nutzern indem Sie zum Beispiel Ihre E-Mail-Adresse angeben.
- Veröffentlichen Sie einen Meinungsbeitrag niemals anonym.

Interaktive Formen

Das Intranet verfügt als interaktives Medium über technische Rückkopplungskanäle, die den Anwendern innovative Formen der Kommunikation und Interaktion ermöglichen. Im Internet werden die interaktiven Leistungen auch als Social Software oder Internet/Web 2.0 bezeichnet. Im Gegensatz zu den klassischen Print- und AV-Medien sind interaktive Darstellungsformen möglich, die ebenfalls Tatsachen und/oder Meinungen vermitteln können. Ein zentrales

Merkmal hierbei ist, dass der Intranet-Nutzer nicht mehr nur passiv Inhalte rezipiert, sondern auch aktiv eigene Beiträge beisteuern kann. Je nach Darstellungsform können dies auch umgangssprachliche, nicht publizistisch aufbereitete Inhalte sein, die sich nicht an den weiter oben aufgeführten tatsachen- oder meinungsbetonten Formen orientieren.

Diskussionsgruppe und Kommunikationsforum

Die Diskussionsgruppe bzw. Newsgroup ist – wie bereits weiter oben beschrieben – eine Art elektronisches Schwarzes Brett im Intranet. Die Nutzer können themenspezifisch ihr Wissen austauschen und miteinander kommunizieren. Die Mitteilung des Aussagenden kann sich an dem orientieren, was er von anderen gerade als Diskussionsbeitrag erhielt. Die Entstehung und der Verlauf einer Diskussion kann mitverfolgt werden. Die Nutzer können jederzeit auf Beiträge anderer Teilnehmer antworten, Informationen kommentieren oder neue Themen initiieren, über die anschließend ein Austausch stattfinden soll.

Im Unterschied zur Diskussionsgruppe ist ein Kommunikations- bzw. Chatforum dadurch gekennzeichnet, dass die Kommunikationsteilnehmer gleichzeitig im Intranet präsent sind. Chatforen haben eher den Charakter eines lockeren Gesprächs. Die Diskussionen verlaufen daher stärker unstrukturiert und werden im Gegensatz zu Diskussionsgruppen meist nicht geleitet oder moderiert.

Diskussionsgruppen können im Intranet eingesetzt werden, um einen fachlichen Austausch zwischen den Mitarbeitern zu erleichtern und damit das Wissensmanagement zu stärken. Chatforen eignen sich sehr gut für Diskussionen in Unternehmen, zum Beispiel kann die Unternehmensleitung regelmäßig den Mitarbeitern die Gelegenheit zum gegenseitigen und persönlichen Austausch geben. Gerade in größeren Unternehmen kann damit die Distanz zwischen den handelnden Personen verringert werden.

Weblog, Wiki und Podcast

Ein Weblog, oder kurz Blog, ist ursprünglich ein Internet-Logbuch, in denen Surf-Funde festgehalten und kommentiert werden. 1997 entwickelte der Programmierer Jorn Barger eine Art Web-Tagebuch. Er notierte sich die für ihn interessanten Websites als kommentierte externe Links auf seiner Homepage. Diese Idee wurde bald mit Begeisterung aufgegriffen und etablierte sich zunächst im englischsprachigen Web. Mittlerweile hat der Weblog, als eine Mischung aus Online-Tagebuch, Gerüchteküche und Diskussionsforum den Siegeszug in der Internet-Welt und der Unternehmenskommunikation angetreten. In der Mitarbeiterkommunikation lassen sich Weblogs einsetzen, um die aktuellen Ereignisse zu dokumentieren. Möglich ist auch, dass einzelne Mitarbeiter oder Mitglieder der Unternehmensleitung ein Weblog führen, um PR in eigener Sache zu betreiben, Themen im Unternehmen zu positionieren und Meinungen zu vertreten. Ein Wiki ist eine Web-Plattform, die es den Nutzern ermöglicht, Inhalte gemeinsam zu erarbeiten und zentral zum Abruf zur Verfügung zu stellen. Die Bezeichnung Wiki leitet sich von der freien Enzyklopädie Wikipedia ab. Ein Wiki kann das Wissen der Mitarbeiter integrieren und den Intranet-Nutzern zum Abruf und zur Diskussion bereitstellen. Mit Podcasting lassen sich Audio- und Video-Dateien im Unternehmen auf unterschiedliche Endgeräte verteilen.

E-Mail und Newsletter

Informationen lassen sich nicht nur im Intranet zum Abruf stellen, sondern können auch per E-Mail an die Mitarbeiter verschickt werden. Die E-Mail ist ein so genanntes Push-Medium, das Inhalte direkt an die Nutzer verschickt. Im Gegensatz zu Pull-Medien, wie einem Abrufdienst, müssen die Empfänger nicht aktiv nach der Information suchen, sondern erhalten diese in ihrem elektronischen Postfach. Dem Empfänger ist es zudem grundsätzlich möglich, dem Absender zurückzuschreiben und damit in einen Dialog zu treten. Eilige und wichtige Mitteilungen sollten nicht nur im Intranet, sondern auch per E-Mail im Unternehmen bekannt gemacht werden. Da die E-Mail auch ein Medium zur persönlichen Ansprache ist, können gerade auch meinungs- und imagebildende Inhalte gut per E-Mail vermittelt werden. In einem Newsletter per E-Mail lassen sich zudem regelmäßig Informationen über die aktuellsten Meldungen und neue Inhalte aus dem Intranet an die Mitarbeiter verbreiten.

Tipps

Interaktive Stilformen
- Seien Sie bereit für den Dialog und beantworten Sie eingehende Fragen der Mitarbeiter.
- Gehen Sie mit eingehender Kritik konstruktiv um – bei Rückmeldungen überwiegen erfahrungsgemäß kritische Äußerungen.
- Setzen Sie die direkte Ansprache per E-Mail sparsam ein: im Zeitalter der Infor-

mationsflut sollten Informationen gezielt verteilt werden.

- Begleiten Sie Diskussionsgruppen, Chats, Weblogs, Wikis am Anfang redaktionell: die Mitarbeiter müssen den Umgang mit den neuen interaktiven Formen erst erlernen und benötigen inhaltlichen Input.
- Machen Sie die Interessen der internen PR und der Unternehmensleitung transparent.
- Trennen Sie auch bei den interaktiven Formen soweit möglich Meinungen und Tatsachen.

2.2 Gestaltung und Grafik

Die Gestaltung und Grafik sind für den Erfolg und die Akzeptanz des Intranets genauso wichtig wie die eigentlichen Inhalte. Die Webtechnologie eröffnet eine bunte Vielfalt an gestalterischen Möglichkeiten, aber grundsätzlich gilt: Einfachheit ist Trumpf. Der Nutzer sollte vom Gebrauch der internen Website nicht durch wild blinkende und zitternde Designelemente entnervt abgehalten werden, sondern eine ansprechende und medienadäquate Gestaltung sollte die Benutzerfreundlichkeit (Usability) des Intranets erleichtern. Und eine gute Gestaltung zahlt sich aus:

- Die Website wird effizienter und effektiver genutzt.
- Verunsicherungen, Frustrationen und Lernaufwendungen der Nutzer sinken.
- Die subjektive Zufriedenheit mit dem internen Internet-Auftritt steigt.
- Die Akzeptanz der Inhalte erhöht sich und interne Services werden stärker in Anspruch genommen.
- Die Funktionalität des Intranets im internen Kommunikations-Mix und Wertschöpfungsprozess wird sichergestellt.
- Der Return on Investment steigt und der Unternehmenserfolg wird dadurch effizienter erreicht.

Die Gestaltung eines Intranets beginnt mit der Definition der tragenden Designelemente, die am besten in einem für alle Beteiligten verbindlichen Intranet-Styleguide festgehalten werden, der sich an der Corporate Identity und dem Corporate Design des Unternehmens orientieren kann. Der Styleguide sollte insbesondere Vorgaben für folgende Elemente der Website machen:

Struktur des Intranet-Auftritts

Zu klären ist die Gliederung der Website: Welche Struktur hat der Gesamtauftritt, wie sieht die „Sitemap" aus? Welche Unterseiten folgen der Startseite, gibt es thematische Abschnitte? Welche Bereiche sind für alle Mitarbeiter zugänglich und welche sind geschlossenen Benutzergruppen vorbehalten? Gibt es ein rollenbasiertes, personalisiertes Zugangskonzept, zum Beispiel für Mitarbeiter, Führungskräfte oder Abteilungsleiter?

Seitenlayout und Navigation

Das visuelle Erscheinungsbild eines Intranets sollte sich – so die Ergebnisse der Usability-Forschung – am besten an etablierten Web-Standards orientieren, da sich auch im Internet die Mediennutzung zunehmend standardisiert. Originelle Layouts, das heißt, die Anordnung von Text und grafischen Elementen, schaffen zwar Aufmerksamkeit, für die Nutzung der Website sind sie aber eher hinderlich. Zu beantworten ist, wie die Startseite und mögliche Standardseiten, zum Beispiel einer Unternehmensabteilung oder einer Projektgruppe zu gestalten sind. An welcher Stelle steht die Navigation, wo werden Texte und Bilder platziert, welche Standardmaße für Text und Bild sind vorgesehen, gibt es Raum für Sonderaktionen, wie wird ein Diskussionsforum gestaltet, wo ist eine Suchfunktion integriert, wie werden Standard-Designelemente wie Logos, Navigationspfeile eingesetzt und wie werden Links gekennzeichnet?

Für das Zurechtfinden der Nutzer und die Benutzerfreundlichkeit ist eine einfache und klare Navigation sehr wichtig. Allgemein gültige Erkenntnisse und Leitlinien der Gestaltung gibt es bislang allerdings nur wenige, die Wahrnehmungspsychologie kann allerdings wichtige Hinweise geben. So sollte zum Beispiel die Navigationsleiste am besten links am Bildschirm platziert werden, da die räumliche Orientierung über das linke Blickfeld erreicht wird. Mehr als fünf bis sieben Navigationspunkte machen keinen Sinn, da sich nicht mehr Merkmale kurzzeitig in unserem Gedächtnis speichern lassen. Einer der wichtigsten Faktoren für die Usability eines Webangebots ist auch die Auswahl intuitiv verständlicher Begriffe für die Navigation. Probleme können durch die Verwurzelung der Internet-Kultur im angelsächsischen Sprachraum entstehen. Englisch klingt gut, die einschlägigen Begriffe verstehen aber nur die Internet-Freaks und weniger die Mitarbeiter an der Werkbank. Die Wortwahl für die Navigationsbegriffe sollte sich daher an dem allgemeinen Wortschatz und der Sprache der

Nutzer orientieren – und allgemeiner: Der Intranet-Auftritt sollte an den Bedürfnissen und der Erfahrungswelt der Zielgruppe ausgerichtet sein.
Wie lässt sich ein Intranet nun praktisch gestalten? Abbildung 2 zeigt ein
beispielhaftes, schematisches Seitenlayout einer Intranet-Startseite.

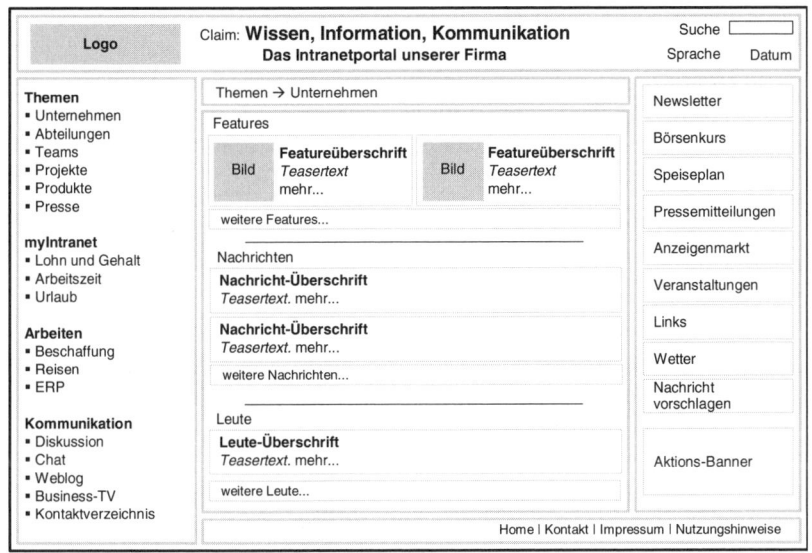

Abbildung 2: Muster einer Intranet-Startseite

Schriften

Die Auswahl an Schriften ist fast unerschöpflich. Als Laufschrift in Texten
empfiehlt es sich aber, Standardschriften wie Times oder Arial/Helvetica, die
bereits mit dem Betriebssystem des Computers aufgespielt werden, zu verwenden. Schriften, die nicht auf dem System des Nutzers installiert sind, werden
durch Standardschriften ersetzt und das Erscheinungsbild des Intranets kann
sich gravierend verändern – sehr zum Ärger des Grafikers. Ob eine Antiqua-
Schrift mit Serifen, zum Beispiel die Times-Schrift, bei denen die Buchstaben in
kleinen Häkchen und Schwüngen enden, oder eine Grotesk-Schrift ohne Serifen
verwendet wird, ist Geschmackssache. Im Internet setzen sich momentan seri-
fenlose Schriften wie Verdana und Arial/Helvetica durch, da sie moderner und
plakativer wirken. Denkbar ist aber auch eine Mischung beider Schrifttypen,

etwa in Überschrift und Lauftext, um eine Spannung im Layout zu erzeugen. Spezielle Unternehmensschriften lassen sich zudem als Grafik, beispielsweise als Überschriften oder Navigationsbegriffe, aufnehmen.

Ein buntes Durcheinander an verschiedenen Schriften sollte aber vermieden werden, da dies sehr schnell die Nutzer verwirrt und die eigentliche Informationsvermittlung eher behindert. Auf Blocksatz sollte zudem zugunsten des Flattersatzes verzichtet werden, da die gängigen Browser keinen guten Zeilenausgleich erreichen. Pro Zeile sind maximal 50 bis 60 Zeichen zu empfehlen, da das menschliche Auge längere Zeilen nicht mehr auf einen Blick wahrnimmt und damit die Informationsaufnahme erschwert wird. Die Schriftgröße muss zudem den Bedürfnissen der Zielgruppe angepasst sein. Ältere Zielgruppen werden beispielsweise eine größere Schrift zu schätzen wissen.

Farben

In den Anfangszeiten des Internets wurden Websites mit maximal 256 Farben gestaltet. Mittlerweile bestehen aber aufgrund der Leistungsfähigkeit moderner Grafikkarten und der Brillanz heutiger Monitore keine farblichen Einschränkungen mehr. Das bedeutet aber nicht, dass auch die gesamte Farbskala zum Einsatz kommen muss. Gerade mittels Farben werden Emotionen vermittelt, die auch auf das Unterbewusstsein wirken und den Gesamteindruck des Intranet-Auftritts wesentlich beeinflussen. Die Farbauswahl und die Farbverwendung sollte daher wohl überlegt und im Voraus getestet werden. Grundsätzlich gilt auch für Farben: sie sollten sparsam eingesetzt werden.

Auch auf das Kontrastverhältnis der Farben, speziell zwischen Schrift- und Hintergrundfarben, ist zu achten. So ist zum Beispiel grüner Text auf gelbem Hintergrund aufgrund der schlechten Lesbarkeit zu vermeiden. Auch ein schwarzer Hintergrund mag schick aussehen, ist aber wesentlich anstrengender zu lesen als schwarze Schrift vor weißem Hintergrund.

Farben eignen sich sehr gut zur Strukturierung des Intranet-Auftritts. Einzelne Abschnitte bzw. Kategorien des Intranet-Auftritts lassen sich farblich codieren. Dies kann die Orientierung des Nutzers wesentlich erleichtern und mehr Übersichtlichkeit ermöglichen.

Bilder und grafische Elemente

Ein Text mag inhaltlich noch so spannend sein, Bilder und Fotos können aber eine Geschichte in Sekundenbruchteilen erzählen. Mit grafischen Elementen – neben Bildern und Fotos auch Banner, Infografiken, Schaubilder oder Videos – lässt sich daher die Aufmerksamkeit des Intranet-Nutzers gezielt lenken, insbesondere wenn diese zusätzlich grafisch noch animiert sind. Durch die Animation eines Seitenelementes wird beim Nutzer eine physiologische Orientierungsreaktion ausgelöst, die biologisch programmiert ist und automatisch vollzogen wird. Animierte Seitenelemente werden daher vor allem in den ersten Sekunden eines Seitenaufenthaltes wahrgenommen und häufig auch länger betrachtet. Da dieser Effekt in der Werbung und auf kommerziellen Websites stark genutzt wird, sollte man allerdings Animationen nur sparsam einsetzen. Grundsätzlich gilt auch, dass zu viele Bilder und grafische Elemente die Komplexität und Unübersichtlichkeit des Intranet-Auftritts steigern und somit die wahrgenommene Orientierung reduzieren. Ideal ist ein ausgewogener Mix an Text und Grafik, dabei soll die Grafik dazu beitragen, die Reizstärke und das Interesse an Textpassagen zu steigern. Darüber hinaus können gut aufbereitete Grafiken auf einen Blick komprimierte Informationen vermitteln.

Bilder und Grafiken müssen zur Verwendung im Intranet medienadäquat aufbereitet werden. Obwohl die Übertragungsraten ständig steigen und auch Firmennetze immer besser ausgebaut sind, sollte darauf geachtet werden, dass Bilder und grafische Elemente komprimiert, zum Beispiel im JPEG- oder GIF-Format gespeichert werden, um Ladezeiten bei den Nutzern zu reduzieren. Bei Informationsgrafiken oder wichtigen Bildern kann auch eine vergrößerte Version als Link für Interessierte angeboten werden.

Tipps

- Setzen Sie gestalterische Elemente sparsam ein, um die Nutzer nicht zu überfordern.
- Beobachten Sie Mitarbeiter bei der Nutzung des Intranets und prüfen Sie die Anwendungen und Intranet-Seiten, die Mitarbeitern schwer fallen, zu verstehen.
- Investieren Sie viel Aufmerksamkeit in die Gestaltung einer funktionierenden Navigation, um den Umgang mit dem Intranet bestmöglich zu ermöglichen.
- Erstellen Sie einen Intranet-Styleguide, der unter anderem Aussagen trifft über den Aufbau des Intranets, Seiten- und Layoutvorlagen, Schriften, Farben und Grafiken.

2.3 Redaktions- und Contentmanagement

An einem Intranet-Auftritt sind viele Personen im Unternehmen beteiligt. Die Kommunikationsabteilung hat in der Praxis üblicherweise die Aufgabe, zentrale, für alle Mitarbeiter relevante Informationen und Nachrichten bereit zu stellen und die Intranet-Kommunikationsprozesse zu steuern. Das Intranet ist aber in der Regel ein für die Mitarbeiter offenes und frei zugängliches Medium, das nicht nur die Informationen und Ansichten der Geschäftsleitung verbreitet, sondern allgemein verschiedensten Interessengruppen im Unternehmen zur Kommunikation zur Verfügung steht. Bei größeren Unternehmen können leicht mehrere tausend Mitarbeiter Zugriff auf ein Intranet haben und selbst Inhalte veröffentlichen. Um nicht im Chaos zu versinken, bedarf es eines gut funktionierendem Redaktions- und Contentmanagements, das die Arbeit der Kommunikationsabteilung erleichtert und den Umgang mit zahlreichen Redakteuren und vielfältigen Informationen ermöglicht und bewältigt.

Redaktionell sind bei einem Intranet-Auftritt verschiedene Rollen mit unterschiedlichen Aufgaben, Kompetenzen und Verantwortlichkeiten zu unterscheiden:

- **Redakteure:** Sie stellen Inhalte im Intranet bereit und sind für diese in der Regel als so genannte Content Owner verantwortlich.
- **Chefredakteure:** Sie geben die Inhalte der Redakteure frei und sind für den Intranet-Auftritt insgesamt verantwortlich.
- **Administratoren:** Sie konfigurieren das Intranet-System, verwalten den Zugang und die Rechte der Benutzer.

Der Einsatz eines professionellen Redaktions- und Contentmanagementsystems, das die Intranet-Publikationsprozesse steuert und unterstützt, ist in der Praxis die Voraussetzung, um den Mitarbeitern als Redakteure einen aktiven Zugang zum internen Kommunikationsportal zu eröffnen. Ohne besondere technische oder gestalterische Qualifikation können dann Mitarbeiter selbstständig die von ihnen verantworteten Inhalte einstellen und pflegen. Für die Qualitätssicherung kann die Funktion eines Chefredakteurs sorgen. Nach dem Vier-Augen-Prinzip lassen sich neue Inhalte vor dem Freischalten zunächst sperren und erst nach Prüfung freigeben.

Das Design und die Struktur des Intranets kann zentral durch einen Administrator konfiguriert und an neue Erfordernisse angepasst werden. Um den Redakteuren verschiedene Präsentationsmöglichkeiten ihrer Inhalte zu bieten, stehen dem Administrator Seiten- und Layoutvorlagen, so genannte „Templates", zur Verfügung, die inhaltlichen Arbeitsgruppen zugeordnet werden können. Für die Redakteure sichtbar bleiben dann übersichtliche Eingabeformulare, die im Rahmen der Seiten- und Layoutvorlagen eine entsprechende Gestaltungsfreiheit geben. Programmier- und HTML-Kenntnisse sind für den Eingabeprozess nicht erforderlich. Dies wird dadurch ermöglicht, dass die Software-Lösung die Inhalte wie Texte, Bilder oder Grafiken von ihrer späteren Erscheinungsform im Intranet trennen.

Die Seiten- und Layout-Vorlagen definieren, an welcher Stelle Texte, Bilder und Grafiken gesetzt werden. Für den Content-Verantwortlichen bedeutet dies, dass er seine Inhalte einfach in eine Datenbankmaske schreiben und anhand von voreingestellten Optionen den späteren inhaltlichen Zielort bestimmen muss. Das Contentmanagementsystem liefert dann den Inhalt im entsprechenden Intranet-Layout automatisch an die gewünschte Stelle auf der Intranet-Seite.

Doch ist dies nicht der einzige Vorteil von Contentmanagementsystemen. Vielmehr unterstützen sie die Intranet-Verantwortlichen im gesamten Inhalte-Lebenszyklus, dem so genannten „Content Life Cycle", angefangen von der Recherche über das Erstellen bis hin zur Kontrolle, Freigabe und Archivierung von Inhalten. So stellt eine Reihe von Lösungen komfortable Suchwerkzeuge zur Verfügung, mit denen im Archiv oder im Web recherchiert werden kann. Geregelt werden auch Verantwortlichkeiten und es wird sichergestellt, dass nur Personen mit entsprechender Befugnis Inhalte im Intranet veröffentlichen oder freigeben dürfen. Darüber hinaus kann der Publishing-Vorgang automatisiert werden, indem das System zu einem bestimmten Zeitpunkt festgelegte Informationen online stellt oder offline schaltet.

Ursprünglich beschränkten sich Contentmanagementsysteme auf die Erstellung von HTML-Webseiten. Mittlerweile leisten die gängigen Systeme weitaus mehr und können auch die Erstellung von Printpublikationen und anderer Medien unterstützen. Man spricht dann auch von „Multichanneling" oder „Cross Media Publishing". Folgende Anforderungen sollte ein Contentmanagementsystem erfüllen:

*   **Rechtevergabe und rollenbasierter Zugang:** Um den Publikationsprozess eines Intranets zu steuern, ist die Vergabe von Handlungskompetenzen notwendig. Unterschiedliche Personengruppen sind an diesem Prozess in verschiedenen Rollen aktiv. Es gibt beispielsweise Redakteure der Kommunikationsabteilung, Führungskräfte und Mitarbeiter, die Inhalte bereitstellen und, je nach Verteilung der Kompetenzen, auch freigeben können.

• **Medienneutrale Datenhaltung:** Dokumentationen werden häufig nicht nur im Intranet im HTML-Format, sondern auch als Ausdruck, Flyer oder CD zu unterschiedlichsten Zwecken den Mitarbeitern zur Verfügung gestellt. Um aufwendige Konvertierungsarbeiten zu vermeiden, müssen die Informationen in einem medienneutralen Format vorgehalten werden, zum Beispiel im XML-Format. Als universelle Datenbeschreibungssprache für den Austausch von Daten gilt XML als zentrales Integrationsinstrument für Daten aller Art. Mit einem System, das die Informationen in XML verwaltet, können Unternehmen aus einer medienneutralen Quelle Inhalte zielgruppenspezifisch in beliebige Zielformate nach dem Single-Source-Publishing-Prinzip produzieren.

• **Wiederverwendbarkeit von Informationen und Dokumenten:** Inhalte, die einmal im Contentmanagementsystem gespeichert sind, lassen sich beliebig oft, auch in anderen Zusammenhängen verwenden. Durch die Wiederverwendbarkeit vorhandener Informationen kann die Produktivität der Redaktionsarbeit gesteigert werden.

• **Ergonomische Bedieneroberfläche:** Damit Redakteure auch bei einem hohen Informationsvolumen nicht den Überblick verlieren, ist eine übersichtliche Darstellung notwendig. Mit Hilfe einer Netzansicht werden Objekte und deren Beziehungen zueinander deutlich. In einer Baumansicht werden die Informationsbestände – ähnlich wie im MS Explorer – hierarchisch nach Themen geordnet dargestellt.

• **Integriertes Grafik-Management:** Noch komplexer als die Arbeit mit Texten ist oft die Verwaltung der zugehörigen Grafiken. Sie müssen in sprachspezifischen Varianten und in unterschiedlichen Auflösungen für die jeweiligen Zielmedien vorgehalten werden. Mit einer integrierten Grafikverwaltung können für jedes Grafikobjekt Varianten und unterschiedliche Formate für Online und Print hinterlegt werden.

Die Anschaffung eines Contentmanagementsystems ist teilweise mit erheblichen Kosten verbunden. Für welche Intranet-Betreiber sich die Investitionen amortisieren können, hängt von folgenden Faktoren ab:

- Der Intranet-Auftritt besteht aus mehr als einhundert Seiten.
- Es gibt mehr als fünf Redakteure/Autoren, die Intranet-Inhalte einpflegen.
- Die Inhalte sind so aktuell, dass sie einer häufigen Erneuerung bedürfen.
- Der Intranet-Auftritt ist komplex, so dass eine Pflege von Hand nur schwer möglich ist.
- Das Unternehmen hat mehrere Niederlassungen, die alle mit der Pflege des Intranet-Auftritts betraut sind.
- Den Mitarbeitern sollen individuell auf sie zugeschnittene Informationen geliefert werden.
- Die Inhalte sollen über mehrere Publishing-Plattformen veröffentlicht werden.
- Interne Prozesse sollen optimiert und die Verwaltung von Inhalten soll zentral gesteuert werden.

3. Management eines Intranet-Projekts

Technologie und Kreativität miteinander zu verbinden und die Mitarbeiter dafür zu begeistern sind zentrale Herausforderungen des Projektmanagements eines Intranets. Die Kunst, ein Intranet zu einem Leitmedium der Mitarbeiterkommunikation in der Praxis aufzubauen, besteht nicht nur im Generieren innovativer Ideen und spannender Inhalte, sondern auch im geplanten und effizient gesteuerten Zusammenspiel von Mitarbeitern, Strukturen, Technologien und Ressourcen. Viele Intranet-Projekte scheitern in der Praxis am fehlenden Projektmanagement-Know-how. In diesem Kapitel werden daher die wesentlichen Projektphasen der Planung, Umsetzung und Begleitung eines Intranets vorgestellt. Ausgangspunkt ist dabei das in Abbildung 3 aufgeführte Phasenmodell.

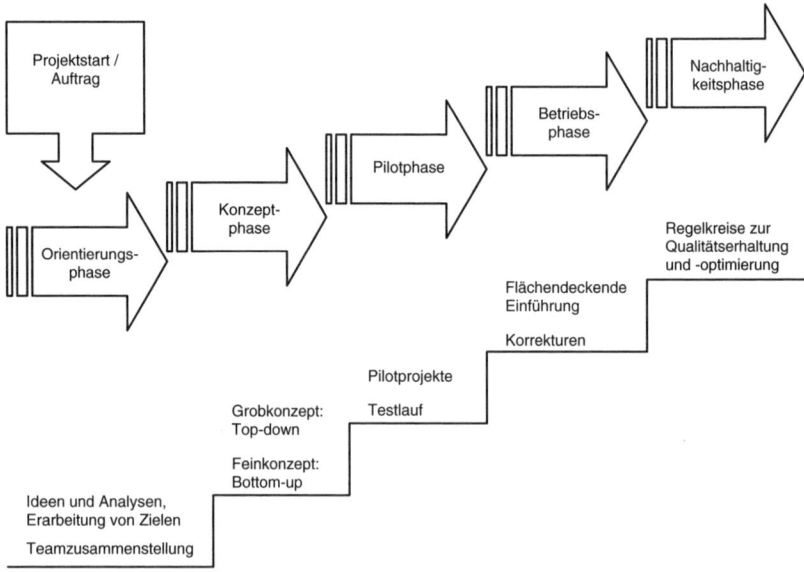

Abbildung 3: Phasenmodell Projektmanagement

3.1 Projektstart und Orientierungsphase

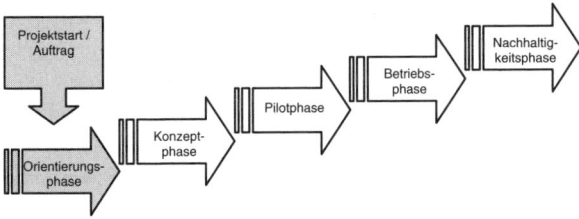

„Unser Konkurrent hat ein Intranet im Einsatz! Wir müssen, um keine Wettbewerbsvorteile zu verlieren, schnellstmöglich nachlegen", so wird häufig in der Praxis der Aufbau eines Intranets eingeläutet. Aber Vorsicht zu Beginn des Projekts: Ohne eine klare Analyse, welche Ziele mit einem Intranet verfolgt werden sollen und welchen Nutzen ein Intranet für das Unternehmen und die interne Kommunikation bietet, läuft man schnell Gefahr, an den Bedürfnissen der Mitarbeiter als Nutzer des Intranets vorbei zu entwickeln.

Am Anfang jeder Einführung eines Intranets steht in der Orientierungsphase daher die Zieldefinition: Warum soll überhaupt ein Intranet im Unternehmen eingesetzt werden? Genügen nicht etwa die klassischen Medien wie Rundbriefe, Memos und die Mitarbeiterzeitschrift zur internen Kommunikation? Die Erkenntnis über die betriebliche Notwendigkeit eines Intranets und den Mehrwert der Einführung muss zu Projektbeginn klar herausgearbeitet und transparent gemacht werden, damit er von allen Beteiligten nachvollzogen werden kann.

Der Wunsch nach einem Intranet kann unterschiedlichen Quellen entspringen. Die Kommunikationsabteilung möchte endlich ein unkompliziertes und schnelles Medium zur Information der Mitarbeiter. Oder die Personalabteilung will häufige Verwaltungsprozesse wie Urlaubsanträge oder Reisekostenabrechnungen vereinfachen. Oder die EDV-Abteilung wartet schon lange darauf, alle Mitarbeiter elektronisch zu vernetzen. Häufig stammt die Idee aber auch von einem Mitglied des Managements oder einer Person aus deren Umkreis. Dies bietet für die Überzeugungsarbeit dann wesentliche Vorteile, da der eigentliche Projektauftrag aus den Reihen des Managements erfolgt, welches dann später auch das Lenkungsteam des Projekts und den eigentlichen Projektleiter benennt.

Zieldefinition und Projektauftrag

Wie kann konkret in der Praxis die Ausgangssituation für den Aufbau und die Einführung eines Intranets analysiert werden? Als Unterstützungsinstrument in der Orientierungsphase und als Grundlage für die spätere Gestaltung des eigentlichen Projektauftrags ist ein Analysegrid zur Zieldefinition sehr hilfreich, das den Ist-Zustand, vorhandene Ressourcen sowie mögliche Chancen und Gefahren genau beleuchtet (Abbildung 4). Bereits zu diesem Zeitpunkt sollte das Intranet-Lenkungsteam mit dem späteren Projektleiter und eventuell auch schon dem Projektteam eng zusammen arbeiten.

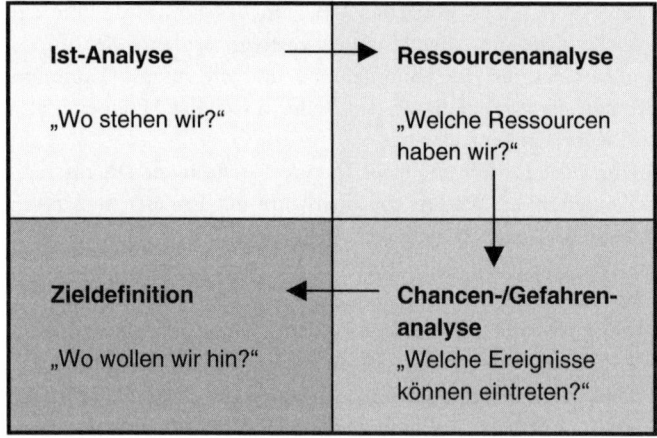

Abbildung 4: Analysegrid der Zieldefinition

Ist-Analyse

Voraussetzung für die Zieldefinition des Intranet-Projekts ist eine klare Standortbestimmung. Nur wenn man weiß, wo man steht und wo man hin möchte, kann man einen Weg finden. Analysiert werden müssen die bestehenden Informations-, Kommunikations- und Arbeitsprozesse.

Die schonungslose Ist-Analyse ist auch für die spätere Präsentation des Intranets bei Mitarbeitern und Beteiligten sehr nützlich. Sie dient als Argumentationshilfe und veranschaulicht die Notwendigkeit der Einführung des Intranets.

Die klare Herausarbeitung der derzeitigen Informations-, Kommunikations- und Arbeitsprozessdefizite – auch im Vergleich zu anderen Unternehmen – und des Nutzens eines Intranets für die Mitarbeiter und das Unternehmen erhöht die Akzeptanz des neuen Mediums. Damit lässt sich auch eine emotionale Betroffenheit der Beteiligten herstellen: einen Nutzen oder Vorteil des Intranets, den andere schon genießen, möchte man auch selbst haben. Man will „dabei sein" und das eigene Unternehmen nicht als „Schlusslicht" wissen. Um diese emotionale Betroffenheit herzustellen bedarf es jedoch Sensibilität und Fingerspitzengefühl, einer klaren Nutzenargumentation und Verständnis für die Mitarbeiter. Die Ist-Analyse sollte unter anderem folgende Fragen beantworten:

Information, Wissen:
- Welche Bedeutung haben Information und Wissen für den Unternehmenserfolg?
- Welche Informationen und welches Wissen werden überhaupt im Unternehmen benötigt und ausgetauscht?
- Wie werden Informationen und Wissen im Unternehmen bereitgestellt? Gibt es ein Wissensmanagementsystem im Unternehmen?
- Welche Defizite im Bereich Information, Wissen gibt es und was kann ein Intranet zur Überwindung möglicher Schwachstellen leisten?

Kommunikation:
- Wie wichtig ist Kommunikation für den Unternehmenserfolg?
- Welche Kommunikationskultur besteht im Unternehmen und passt das Intranet als neues elektronisches Medium dazu?
- Welche Einstellung zur Mitarbeiterkommunikation haben Entscheidungsträger und Mitarbeiter?
- Wie kommuniziert die Geschäftsleitung mit den Mitarbeitern und umgekehrt? Wie geschieht der Austausch zwischen den Mitarbeitern?
- Welche Medien werden zur Kommunikation im Unternehmen eingesetzt? Welche Vermittlungsleistung kann ein Intranet im internen Medien-Mix übernehmen? Welche Defizite und Verbesserungsmöglichkeiten gibt es?

Arbeitsabläufe:
- Wie können Arbeitsabläufe durch ein Intranet effizient unterstützt werden? Welches Verbesserungspotenzial gibt es?
- Welche Arbeitsprozesse treten häufig auf und lassen sich elektronisch per Intranet abwickeln?

• Welche Anforderungen an die Qualität von Arbeitsprozessen gibt es? Welche Schnittstellen bestehen, beispielsweise zu Zulieferern und Kunden, und wie müssen diese gestaltet sein?

Ressourcen

Nachdem deutlich ist, welche Situation im Unternehmen hinsichtlich der Informations-, Kommunikations- und Arbeitsprozesse existiert, sind die vorhandenen Ressourcen zur Umsetzung des Intranet-Projekts zu identifizieren. Dies ist eine leider in der Praxis oft vernachlässigte Facette der Intranet-Projektplanung, die aber wesentlich für den Projektfortschritt ist.

Ressourcen können sowohl im Unternehmen als auch extern zur Verfügung stehen. Neben finanziellen sind besonders auch personelle und strukturelle Ressourcen von zentraler Bedeutung. Zu klären ist, welche Stärken und Schwächen das Unternehmen bei den Ressourcen zum Aufbau eines Intranets hat. Zielfragen der Ressourcen-Analyse sind zum Beispiel:

• Welche fachlichen Kompetenzen und welches Wissen zum Intranet existieren im Unternehmen? Welches Projektmanagement-Know-how gibt es? Welche Personen im Unternehmen haben schon Erfahrung mit neuen Medien?

• Welche Personen können am Aufbau eines Intranets beteiligt werden? Welche Mitarbeiter sind geeignet, um das Projektteam zu bilden?

• Welchen Zugang hat man zu Dienstleistern? Welche Kompetenzen können Externe in das Intranet-Projekt einbringen?

• Welche Mitarbeiter werden von der Intranet-Einführung begeistert sein? Welche Personen würden das Intranet-Projekt mit aller Kraft unterstützen?

• Welche motivierenden Aspekte stehen dem Projektteam zur Verfügung? Welche positiven Erfahrungen aus anderen Projekten kann das Team nutzen?

• Welche guten Ideen aus anderen Unternehmen können umgesetzt werden?

• Welches finanzielle Budget für ein Intranet steht zur Verfügung? Wie viel Arbeitszeit können die Projektteammitglieder einbringen?

• Welche Struktur des Projektteams ist möglich? Welche Erfahrungen bestehen im Projektmanagement? Welches Beziehungsnetzwerk besteht im Unternehmen?

- Welche IT-Infrastruktur gibt es im Unternehmen? Welche Erfahrung im Umgang mit elektronischen Netzmedien haben die Mitarbeiter des Unternehmens?

Chancen- und Gefahrenanalyse

Nach der Ist- und Ressourcenanalyse sollte geklärt werden, welche Chancen und Gefahren während des Projekts auftreten können. Zu analysieren ist, welche Ereignisse möglicherweise eintreten, die das Projekt fördern oder dieses scheitern lassen können. Zielfragen der Chancen- und Gefahrenanalyse können sein:

- Wie hoch wird der Prozentsatz der Mitarbeiter sein, die sich gegen die Nutzung eines Intranets aussprechen werden?
- Welche Personen/Institutionen werden gezielt versuchen, das Projekt zum Scheitern zu bringen? Welche Promotoren gibt es für das Intranet?
- Wer sind die informellen Führer im Unternehmen und welche Mitarbeiter können für das Projekt gewonnen werden?
- Welche Faktoren gibt es, die das Projekt gefährden, etwa ungünstiger Zeitpunkt des Projekts, strategisch falsche Auswahl des Projektteams, schlechte Qualität der Inhalte usw.

Eine sehr effektive und auf den ersten Blick ungewöhnliche Methode der Gefahrenanalyse ist die *„Kopfstandmethode"* in vier Schritten:

1. Schritt:
Notieren Sie sich die Frage, die sich aus Ihrem Problem ergibt, schriftlich und in der Ich-Form des Handelnden. Zum Beispiel: „Was können wir tun, um das Projekt Intranet zu einem erfolgreichen Abschluss zu bringen?"

2. Schritt:
Nun formulieren Sie die Frage so um, dass die Antworten genau das Gegenteil dessen, was gewollt ist, beinhalten. Die Negativfrage schreiben Sie auf die linke, die positive Ausgangsfrage auf die rechte Seite. Beginnen Sie nun die Antworten auf die Negativfrage zu beantworten und schriftlich festzuhalten. Beispiel für eine Negativfrage: „Was können wir tun, um das Projekt Intranet zum Scheitern zu bringen?" Eine mögliche Antwort: „Wir suchen uns viele unmotivierte Mitarbeiter."

3. Schritt:

Nun nehmen Sie sich jede Idee der linken Seite nacheinander vor. Die Vorschläge formulieren Sie so ins Positive um, dass Sie die positive Ausgangsfrage beantworten helfen.

4. Schritt:

Zuletzt wählen Sie aus der Fülle der gefundenen Lösungsideen diejenigen aus, die am interessantesten sind bzw. realistisch zu verwirklichen sind.

In Abbildung 5 ist das Vorgehen der „Kopfstandmethode" nochmals übersichtlich dargestellt.

Ausgangsfrage Wie schaffen wir es, das Projekt „Einführung eines Intranets" erfolgreich umzusetzen?	
Auf den Kopf gestellt (Negativformulierung)	**Auf die Füße gestellt (Positivformulierung)**
Folgendes müssen wir tun, um das Projekt „Einführung eines Intranets" an die Wand zu fahren:	Folgendes müssen wir tun, damit wir das Projekt „Einführung eines Intranets" erfolgreich umsetzen:
Antwortideen:	**Antwortideen:**
Wir nehmen möglichst nur Mitarbeiter, von denen wir jetzt schon wissen, dass sie die Einführung eines Intranets vollkommen ablehnen.	Wir suchen uns möglichst viele Projekt-Mitarbeiter, von denen wir wissen, dass sie von der Idee eines Intranets schon jetzt begeistert sind.
Wir setzen uns einen möglichst engen und unrealistischen Zeitrahmen.	Wir benötigen einen ausreichenden und realistischen Zeitplan.
Wir verbreiten im Intranet nur bekannte und schlecht aufbereitete Informationen.	Wir stellen im Intranet aktuelle und dem Medium angepasste Inhalte zur Verfügung.

Abbildung 5: Beispiel für die Kopfstandmethode

Zieldefinition

Aufbauend auf der Analyse des Ist-Zustands, der Ressourcen sowie der Chancen und Gefahren hat das Intranet-Lenkungsteam in Zusammenarbeit mit dem Projektleiter und eventuell dem Projektteam die Aufgabe, klar herauszuarbeiten, welche Ziele mit der Einführung des Intranets erreicht werden sollen. Denn nur wer ein Ziel hat, kann einen Treffer landen. Allen Beteiligten, insbesondere den Mitarbeitern – den späteren Nutzern des Intranets – muss klar sein, welche Ziele das Unternehmen mit dem Intranet verfolgt und welcher Nutzen erreicht werden soll.

Die Ziele des Intranet-Einsatzes müssen möglichst konkret definiert werden. Es genügt nicht zu sagen, das Intranet soll die Kommunikation und Zusammenarbeit im Unternehmen verbessern. Oder, jeder soll umfassend und rasch über die Vorgänge im Unternehmen informiert werden. Die Zieldefinition ist ein umfassender Vorgang und im Fall des Intranets ein unternehmensinterner Diskussionsprozess. Ergebnis dieses Prozesses sollten klar formulierte Ziele sein, die entsprechend der SMART-Zielformel spezifisch, messbar, aktionsorientiert, realistisch und terminiert sind (Abbildung 6).

S = spezifisch	konkret, eindeutig und präzise
M = messbar	der Erreichungsgrad muss überprüft werden können
A = aktionsorientiert/attraktiv	ein attraktiver Nutzen muss klar sein; konkrete Schritte mit *positiver* Formulierung
R = realistisch	kann hochgesteckt, muss aber erreichbar sein
T = terminiert	ausreichender zeitlicher Bezug und fester Endzeitpunkt

Abbildung 6: SMART-Zielformulierung

Für eine mögliche Zieldefinition eines Intranet-Projekts ergibt sich daraus folgendes Beispiel:

Wir wollen in den nächsten zwölf Monaten bis zum <Datum> ein Intranet zur Mitarbeiterkommunikation im Gesamtunternehmen aufbauen und etablieren. Die Mitarbeiter werden aktuelle und umfassende Informationen zur Unterstützung ihrer Arbeit finden und untereinander in einen Dialog treten. Sie bringen ihr Wissen in die Unternehmensprozesse ein und steigern damit die Wettbewerbsfähigkeit. Mindestens 70 % der Belegschaft werden im ersten Jahr das Intranet einmal in der Woche als neues Informations- und Kommunikationsmedium nutzen.

Häufige Ziele der Einführung eines Intranets sind in der Praxis:

* **Innovative Kommunikation:** Das Intranet ermöglicht eine schnelle, kostengünstige und weltweite Verteilung von Mitteilungen.
* **Erfüllung der Mitarbeiterbedürfnisse nach Information und Kommunikation:** Das Intranet trägt zur Befriedigung der Grundbedürfnisse der Mitarbeiter nach Information und Kommunikation im Unternehmen bei.
* **Einführung eines Wissensmanagements:** Das Intranet ist Teil einer Wissensmanagementstrategie und ermöglicht es, Wissen zu sammeln, zu hinterlegen und den Mitarbeitern zugänglich zu machen.
* **Verbesserung der Arbeitsprozesse:** Das Intranet ermöglicht neue Arbeitsabläufe und ist ein Instrument zur Aufgabenerfüllung.
* **Betriebswirtschaftliche Überlegungen:** Das Intranet beschleunigt und verändert Arbeitsprozesse und ist ein Produktionsfaktor im Unternehmen.
* **Internationalisierung:** Das Intranet ermöglicht und unterstützt die internationalen Aktivitäten des Unternehmens.
* **Neue Organisationsformen:** Das Intranet hebt die räumlichen und zeitlichen Unternehmensgrenzen auf. Der Zugriff auf Ressourcen lässt sich flexibel gestalten und innovative Formen eines verteilten Arbeitens werden ermöglicht.
* **Digitalisierung:** Das Intranet als digitale Arbeitsplattform dient als Schnittstelle zu Mitarbeitern, Partnern oder Kunden.

Tipps

* Definieren Sie schriftlich, was unter „Erfolg" beim geplanten Intranet-Projekt zu verstehen ist. Unterscheiden Sie dabei Ziele und Nutzen. Die Ziele sind das, was der Projektleiter mit dem Team am Ende erreicht haben soll. Der Nutzen des Intranets rechtfertigt die Investition.
* Nehmen Sie sich auf alle Fälle Zeit für eine sorgfältige Analyse und gründliche

Zieldefinition. Die Ziele sollten auch stimmig zur schon vorhandenen Vision Ihres Unternehmens sein. Visionen und Ziele sind wie Leuchttürme für die Richtung, die ein Unternehmen einschlägt und besitzen eine starke Orientierungsfunktion für Führungskräfte und Mitarbeiter.

- Ein Irrglaube lautet: Unklare Ziele machen flexibel. Häufig endet diese Haltung in Streit und einer Blockierung des Projekts. Es sollte deshalb sichergestellt werden, dass Auftraggeber und Projektbeteiligte die gleichen Ziele verfolgen. Um Missverständnisse zu vermeiden, sollten die erarbeiteten Ziele schriftlich in einem Projektauftrag festgehalten werden. Falls sich die Ziele während des Projektverlaufs ändern sollten, kann dies im Projektauftrag aufgezeichnet werden.

Projektauftrag

Sind die Ziele des Intranet-Projekts herausgearbeitet und klar formuliert, so ist im nächsten Schritt ein organisationsinterner Projektauftrag zu erstellen. Immer wieder kommt es in der Praxis vor, dass kein formalisierter Projektauftrag existiert. Häufig wird nur mündlich durch Vorgesetzte mitgeteilt, dass das Intranet-Projekt „wie besprochen" starten kann.

Ein schriftlicher Projektauftrag ist aber die Grundlage dafür, dass das Intranet-Projekt klar definiert wird und Missverständnisse zwischen dem Projektteam und dem (internen) Auftraggeber vermieden werden. Der Projektauftrag sollte sowohl von den Auftraggebern als auch vom Projektleiter und dem Projektteam abgezeichnet werden und folgende Elemente enthalten:

Projektname/Projektbezeichnung

Beim Projektnamen ist darauf zu achten, dass das Intranet-Projekt einen interessanten und motivierenden Namen erhält. Ein Name wie: „Future-Net" oder „Zukunft Intranet" wirkt spannender als „Projekt 425 xz". Ein Brainstorming kann die Basis sein, um einen passenden Namen und einen originellen Slogan mit Wiedererkennungseffekt zu finden.

Auftraggeber/Projektleiter/Projektteam

Bei aller Planung, Budgets, Meilensteinen und Strukturen bleibt immer der Mensch wichtigster Erfolgsfaktor des Projektmanagements. Bei der Teamzusammenstellung des Intranet-Projekts ist eine afrikanische Weisheit hilfreich:

„Ein Freiwilliger schafft mehr als zehn Gezwungene." Wer begeistert von dem Projekt und seinen Zielen ist, wird auch andere begeistern und sich nachhaltig engagieren, auch wenn es Schwierigkeiten im Projektverlauf geben sollte.

Kurzbeschreibung, Unternehmensbedarf und Ziele
Hier wird in kurzen Worten das Projekt umrissen und beschrieben, warum es gestartet wird. Weiterhin sollte sich eine klare Zielformulierung nach der SMART-Zieldefinition finden. Wichtig ist auch die Benennung von messbaren Erfolgskriterien.

Projektbudget
Wichtiger Bestandteil jedes Intranet-Projekts ist die Kostenplanung. Der Projektverantwortliche sollte genau wissen, in welchem Budgetrahmen er sich bewegt.

Personal- und Zeitressourcen
Genau zu klären ist, welche Personal- und Zeitressourcen zur Verfügung stehen. Wer kann an dem Projekt mitarbeiten? Wie viele Personen werden für welche Zeit freigestellt? Welcher zeitliche Rahmen ist notwendig und möglich? Die Personal- und Zeitressourcen sind realistisch zu kalkulieren. Die größten Fehler im Projektmanagement werden bei der Ressourcenplanung begangen.

Projektbeginn und -ende
Das Intranet-Projekt muss einen klar definierten Anfangs- und Endzeitpunkt erhalten. Beide Punkte müssen für alle Beteiligten spürbar und sichtbar sein. Den Anfang kann man sehr gut mit einem Kick-off-Meeting gestalten. Der Abschluss sollte immer eine anerkennende Feier sein.

Termine und Meilensteine
Die Planung von Terminen und Meilensteinen ist Aufgabe aller Projektmitglieder. Termine und Meilensteine sind bindende Zeitpunkte für jeden. Wichtig für die Motivation und Arbeitszufriedenheit ist, dass die Projektmitglieder ihren Zeitbedarf selbst ermitteln und die Verantwortung dafür übernehmen.

Dokumentations- und Informationswesen
Es sollte klar definiert werden, wie das Intranet-Projekt dokumentiert wird. Wann soll wer, durch wen und über was informiert werden? Welche Dokumen-

tationen werden in welchem Umfang benötigt? Hierbei gilt der Grundsatz: So viel wie nötig, so wenig wie möglich.

Abbildung 7 verdeutlicht exemplarisch die Strukturierung eines Intranet-Projektauftrags.

Intranet-Projektauftrag	
Projektname:	Projektnummer:
Auftraggeber/Lenkungsteam:	Projektleiter:
Projektteam:	
Kurzbeschreibung des Projekts: Unternehmensbedarf und Ziele des Projekts: Messbare Erfolgskriterien:	
Budget: Zeit- und Personalressourcen:	
Projektbeginn und Projektende: Termine und Meilensteine:	
Dokumentations- und Informationswesen:	
Weitere Vereinbarungen:	

Abbildung 7: Beispiel für einen Projektauftrag

Tipps

- Achten Sie bei der Namensfindung darauf, dass Sie Ihre Zielgruppe, also Ihre Mitarbeiter ansprechen. Anglizismen können zum Beispiel bei der einen Zielgruppe passend und motivierend wirken, bei einer anderen Zielgruppe dagegen Widerstände auslösen. Finden Sie die Sprache der Mitarbeiter und nutzen Sie diese. Beachten Sie auch, dass Namen und Slogan nicht zu „abgedroschen" sind.

- Insbesondere bei der Einführung eines Intranets ist immer wieder zu beobachten, dass Projekte so „geplant" werden, dass die beteiligten Projektmitglieder daran arbeiten sollen, wenn sie Zeit zur Verfügung, sprich „übrig" haben. Dieses Prinzip ist von Anfang an zum Scheitern verurteilt, weil sich das Projekt zu lange hinzieht und eine detaillierte Planung nicht möglich ist.

- Bedenken Sie, dass Projekte von der Motivation und Begeisterung der Menschen vorangebracht werden. Zu viel Bürokratie und Formularwesen wirken sich negativ auf die Stimmung der Projektbeteiligten aus. Viele Projekte sind schon daran gescheitert, dass die Projektbeteiligten sich mehr oder weniger selbst „verwaltet" haben und das Projekt dabei auf der Strecke blieb.

Projektbeteiligte und Teamzusammenstellung

Projektarbeit ist Teamarbeit. Soziale Kompetenzen rücken hier unweigerlich in den Mittelpunkt. Gefragt sind Kommunikations- und Konfliktfähigkeit sowohl nach innen, im Umgang mit den Mitgliedern des Projektteams, als auch nach außen, in der Zusammenarbeit mit anderen Mitarbeitern und der Geschäftsleitung.

Für den Erfolg eines Intranet-Projekts ist die Zusammensetzung des Teams wesentlich. Diese Erkenntnis bestätigen zahlreiche Studien. Trotz perfekter Projektorganisation gibt es unzählige Schwierigkeiten, Verzögerungen und Missverständnisse auf der menschlichen Ebene in Projekten. Führungskräfte müssen erkennen, dass Projekte meistens nicht an Methoden, sondern an Personen scheitern. Laut Deutscher Gesellschaft für Projektmanagement liegen die Gründe nur zu 25 % an mangelhaften Methoden und Instrumenten des Projektmanagements, aber zu 25 % am Projektumfeld (Promotoren) und zu 50 % an den persönlichen Fähigkeiten des Projektleiters.

Je nach Größe des Unternehmens wird die Anzahl der Beteiligten an einem Intranet-Projekt unterschiedlich sein. Jedes Unternehmen muss selbst entscheiden, wie viele Personen im Projekt sinnvoll sind, freigestellt werden können und welche zeitlichen Kapazitäten möglich sind. Auch die zeitliche Dauer des Intranet-Projekts ist ausschlaggebend für die Zusammensetzung des Teams. Eine bewährte Teamzusammenstellung für ein Intranet-Projekt besteht aus

- Lenkungsteam,
- Projektleiter,
- Projektteam,
- Arbeitsgruppen und
- Promotoren.

Abbildung 8 veranschaulicht die grundsätzliche Zusammenstellung und Zusammenarbeit der Projektbeteiligten.

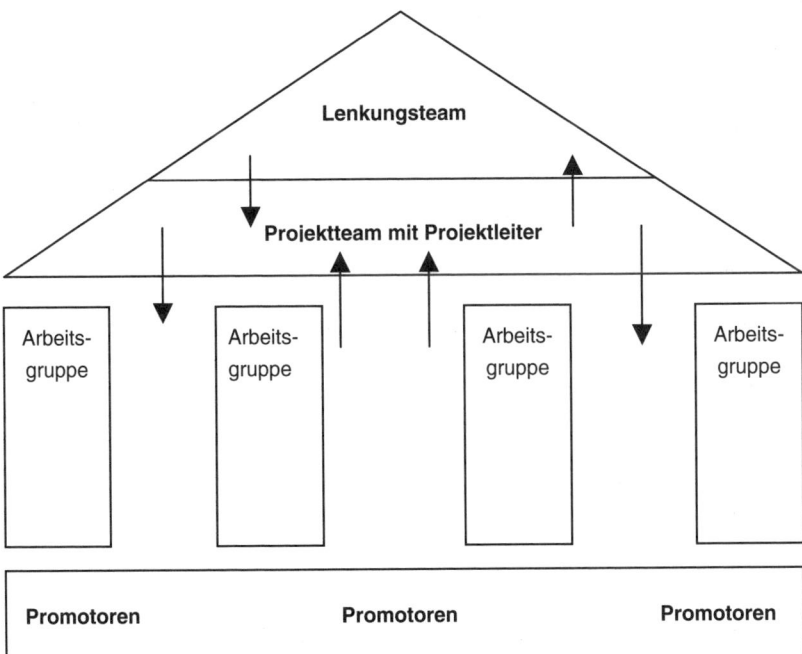

Abbildung 8: Zusammenstellung Intranet-Team

Lenkungsteam

Wie schon weiter oben erwähnt wird das Lenkungsteam meist durch die Geschäftsleitung bestimmt und besteht aus einem oder mehreren Vertretern des Managements. Das Lenkungsteam benennt oder schlägt in der Regel auch den Projektleiter vor. Als Mitglied des Lenkungsteams sind vor allem Aufgaben der Steuerung des Intranet-Projekts zu erfüllen – die nachfolgende Checkliste gibt einen beispielhaften Überblick.

Checkliste: Aufgaben Lenkungsteam	
Sie erteilen den Projektauftrag „Aufbau und Einführung eines Intranets".	✓
Sie legen die übergeordneten Projektziele fest.	✓
Sie erarbeiten zusammen mit der Projektleitung weitere Ziele.	✓
Sie zeichnen verantwortlich den Projektvertrag.	✓
Sie tragen die Verantwortung für die Projektergebnisse sowie deren Verabschiedung und Umsetzung.	✓
Sie informieren die Geschäftsleitung bzw. falls Sie Mitglied der Geschäftsleitung sind, informieren Sie Ihre Kollegen.	✓
Sie entscheiden über die Benennung der Projektleitung.	✓
Sie legen die zeitlichen und finanziellen Ressourcen für das Projekt fest.	✓
Sie definieren die Befugnisse und die Handlungskompetenzen der Projektleitung.	✓
Sie kontrollieren den Stand des Projekts.	✓
Sie legen das Dokumentations-, Informations- und Berichtswesen fest.	✓
Sie entscheiden über notwendige Ziel- und Projektänderungen.	✓
Sie unterstützen die Projektleitung bei der Erreichung der Projektziele.	✓

Die Mitglieder des Lenkungsteams sollten bereits im Vorfeld folgende Fragestellungen mit dem Intranet-Projektleiter abklären:

- Welche Entscheidungsspielräume hat der Projektleiter?
- Was ist beim Auftreten von Problemen zu tun und wie soll dies dokumentiert werden?
- Welche Abweichungen im Projektplan liegen noch im Toleranzbereich?
- In welcher Art soll das Intranet-Projekt intern und extern dargestellt werden?
- Wie ist die Zusammenarbeit mit dem Personal- oder Betriebsrat zu gestalten?
- Wann und wie wird an das Lenkungsteam berichtet?

Projektleiter

Der Leiter des Intranet-Projekts nimmt eine Schlüsselfunktion ein. Er ist verantwortlich für den Gesamterfolg des Intranet-Projekts. Seine Aufgabe ist die Erreichung der gesetzten Ziele im Rahmen der geplanten Qualitäts-, Kosten- und Zeitdimensionen. Dem Projektteam gegenüber ist er verantwortlich in der Bündelung aller Ressourcen zur Zielerreichung. Er ist Planer, Motivator und Diagnostiker und integriert, kontrolliert, verhandelt und moderiert. Im Idealfall ist er stets diplomatisch, analytisch, kooperativ, kreativ und loyal in seinen Handlungen.

Der Projektleiter sollte die Möglichkeit erhalten, sich ein umfangreiches Repertoire an Methoden und Werkzeugen zum Projektmanagement anzueignen, falls er dies noch nicht besitzt. Zu nennen sind insbesondere

- Moderationstechniken,
- Visualisierungstechniken,
- Rhetoriktechniken,
- Zeitmanagementtechniken und
- Techniken zur Führung von Gruppen.

Ebenso wichtig wie methodische Kenntnisse – wenn nicht sogar noch wichtiger – ist die Fähigkeit des Projektleiters, seine Teammitglieder zu begeistern und zu motivieren, sprich die soziale und kommunikative Kompetenz. Der Projektleiter muss den Teammitgliedern einen angemessenen Handlungs- und Verantwortungsspielraum einräumen und gleichzeitig immer wieder die Fäden zusammenführen. Er muss gruppendynamische Vorgänge erkennen und nutzbar machen sowie Konflikte in der Projektgruppe bearbeiten können.

Ein Intranet-Projekt betrifft unterschiedliche Unternehmensbereiche von der internen Kommunikation über Marketing und Personal bis hin zur EDV. Zu entscheiden ist, aus welcher Abteilung der Projektleiter kommen soll. Entscheidungskriterien können hierbei sein, wie stark der Projektleiter im Unternehmen sozial verankert ist und welche Bedeutung das Intranet-Projekt für die Abteilung des Projektleiters spielt.

Die Aufgaben des Leiters eines Intranet-Projekts sind vielfältig. Die nachfolgend Checkliste führt die wichtigsten auf.

Checkliste: Aufgaben Projektleiter	
Sie haben Mitsprache- und Beratungsrecht bei der Zieldefinition des Intranet-Projekts.	✓
Sie erarbeiten den Projektauftrag und planen das Intranet-Projekt.	✓
Sie entscheiden, zu welcher Zeit und worüber informiert wird.	✓
Sie kontrollieren und steuern den Projektverlauf.	✓
Sie stellen sich Ihr Projektteam zusammen.	✓
Sie führen Entscheidungen bei Planabweichungen herbei.	✓
Sie informieren Ihr Projektteam ausführlich über die Projektziele und schaffen ein Commitment für diese Ziele.	✓
Sie wenden die Regeln des Projektmanagements an.	✓
Sie leiten und moderieren das Projektteam.	✓
Sie sind verantwortlich für eine kooperative Zusammenarbeit im Projektteam.	✓
Sie benennen und bearbeiten Konflikte im Team.	✓
Sie schaffen ein team- und ergebnisorientiertes Arbeitsklima.	✓
Sie präsentieren dem Lenkungsteam Zwischen- und Endergebnisse.	✓

Sie gestalten den regelmäßigen Informationsaustausch und die Abstimmung mit dem Lenkungsteam.	✓
Sie suchen gemeinsam mit dem Projektteam nach geeigneten Promotoren und unterstützen diese bei ihrer Arbeit und binden deren Ergebnisse in das Projekt ein.	✓

Projektteam

Die Mitglieder des Projektteams sind verantwortlich für die Erfüllung der Teilaufgaben, zum Beispiel Erstellung von Inhalten, Aufbau der technischen Infrastruktur oder Gestaltung von Arbeitsprozessen. Das Projektteam sollte möglichst aus Freiwilligen bestehen. Denn, wer freiwillig mitarbeitet, wird auch engagiert mitarbeiten. Die Projektteamgröße sollte eine maximale Größe von sechs bis zehn Personen nicht überschreiten, damit die Gruppe noch arbeitsfähig ist. Je größer die Gruppe ist, umso mehr Regeln und Strukturen sind notwendig, um effektiv und effizient zu arbeiten. Bei Bedarf ist es sinnvoller, Arbeitsgruppen zu bilden, die das Projektteam bei bestimmten Aufgabenstellungen unterstützen. Die Projektmitarbeiter sind dem Projektleiter gegenüber verantwortlich für die übernommenen Arbeitsaufgaben und deren Zielerreichung.

Im Einzelnen hat ein Projektmitarbeiter die in der folgenden Checkliste zusammengefassten Aufgaben.

Checkliste: Aufgaben Projektmitarbeiter im Projektteam	
Sie planen übernommene Teilaufgaben und stimmen sie mit der Projektleitung ab.	✓
Sie stellen sich bei Bedarf eine geeignete Arbeitsgruppe zusammen.	✓
Sie beschaffen sich selbstständig alle relevanten Informationen, die Sie zur Aufgabenerfüllung benötigen.	✓
Sie erstellen eine persönliche Kapazitäts- und Zeitplanung für Ihre bereitgestellten Projektressourcen und stimmen diese mit der Projektleitung sowie Ihrem direkten Vorgesetzten ab.	✓
Sie nehmen regelmäßig an Projektmeetings teil.	✓

Sie beteiligen sich aktiv und engagiert an Projektmeetings.	✓
Sie halten vereinbarte Regeln der Zusammenarbeit ein.	✓
Sie bemühen sich um eine konstruktive und förderliche Teamarbeit.	✓

Arbeitsgruppen

In größeren Projekten kann es für die Projektmitglieder sinnvoll sein, für bestimmte Aufgaben Arbeitsgruppen zusammenzustellen. Dies kann für einen zeitlich befristeten Zeitraum oder bis zum Abschluss einer thematischen Aufgabenstellung geschehen, beispielsweise für die Erstellung eines Styleguides, den Aufbau einer Personaldatenbank, die Gestaltung der Reisekostenabrechnung im Intranet oder die Vorbereitung einer Kick-off-Veranstaltung.

Promotoren

Lenkungsteam, Projektleiter, Projektteam und Arbeitsgruppen sind in aller Regel sehr mit der Organisation und Koordination des Projekts „Aufbau und Einführung eines Intranets" beschäftigt. Die Einhaltung des Projektbudgets, das Erreichen der Meilensteine und Ziele sowie das Abarbeiten von Aufgabenpaketen gehören zu den drängenden Aufgaben. Zu den eigentlichen Nutzern des Intranets besteht dagegen nur wenig Kontakt. Diesen Kontakt zu den Mitarbeitern können eigens ausgewählte Mitarbeiter als Promotoren des Intranets herstellen.

Im Gegensatz zum Projektteam sind Promotoren mit ihren Tätigkeitsfeldern im Unternehmen viel näher an der Basis, da sie direkt mit anderen Mitarbeitern zusammenarbeiten. Sie unterstützen sowohl Gruppen als auch einzelne Menschen bei der Bewältigung von Sorgen und Nöten. Insbesondere die Einführung des Intranets als neue Informations- und Kommunikationstechnik bewirkt bei vielen Mitarbeitern Ängste und Bedenken und in der Folge auch Vorbehalte und Abwehr. Promotoren setzen genau hier an. Sie arbeiten wie Seismographen in der Mitte des Unternehmens, erkunden das Betriebsklima in Bezug auf das neue Medium und beziehen die Mitarbeiter aktiv in die Planung und Entwicklung ein. Sie unterstützen das Projekt von der Einführungsphase des Intranets, in der es besonders wichtig ist, den Mitarbeitern die Ängste vor Veränderungen zu nehmen, bis weit in die Nachhaltigkeitsphase hinein.

Begleitung ist die Hauptaufgabe der Promotoren. Nicht wie ein Bergführer, der schnell das Kommando über eine Gruppe übernimmt, sondern eher wie ein Blindenhund, der einen Blinden auf dessen Weg begleitet, steht der Promotor den Mitarbeitern zur Seite, während diese letztlich die Entscheidung über den Umgang mit dem neuen Medium Intranet selbst treffen.

Der Promotor bewegt sich im Spannungsfeld zwischen Begleiten und Führen. Er verfügt über eine Beratungs- und Warnungsfunktion, allerdings ohne formale hierarchische oder disziplinarische Macht.

Ein Promotor hat im Rahmen eines Intranet-Projekts die in der nachfolgenden Checkliste genannten Aufgaben.

Checkliste: Aufgaben Promotoren	
Sie nehmen regelmäßig an den Projektmeetings teil und arbeiten aktiv mit.	✓
Sie arbeiten als Vermittler zwischen allen Beteiligten.	✓
Sie erkennen Probleme aus Mitarbeiterperspektive und zeigen diese auf.	✓
Sie sind Vertrauensperson und neutrale Anlaufstelle für Mitarbeiter, Vorgesetzte und Personal-/Betriebsrat.	✓
Sie haben die Aufgabe, das Projekt durch Ihr Vorbild voranzutreiben und Akzeptanz dafür zu gewinnen.	✓
Sie sind Ansprechpartner und Informationsstelle für alle Fragen in Bezug auf das Projekt.	✓
Sie sind Motor des Projekts, Mutmacher und Helfer bei Schwierigkeiten.	✓
Sie nehmen an Mitarbeiterbesprechungen teil, um über das Projekt „Intranet" zu informieren und dafür zu werben.	✓
Sie organisieren selbstständig Ihr zeitliches Budget und Ihr Aufgabengebiet.	✓

Tipps

- Das Lenkungsteam sollte großen Wert darauf legen, dass der Projektleiter die erforderlichen Projekt-Fähigkeiten und die nötige Intranet-Begeisterung besitzt. Er ist die Schlüsselfigur im Projekt. Vermeiden Sie in jedem Fall, einen Projektleiter zu benennen, nur weil er „gerade mal Zeit hat".
- Achten Sie darauf, dass die Mitarbeit in Arbeitsgruppen freiwillig geschieht und beziehen Sie frühzeitig die jeweiligen Vorgesetzten der Mitarbeiter sowie die Mitarbeitervertretung oder den Betriebs-/Personalrat mit ein. Missverständnisse mit der Mitarbeitervertretung oder dem Betriebs-/Personalrat können gravierende Verzögerungen bei der Intranet-Einführung nach sich ziehen.
- Die Promotion durch anerkannte „informelle Führer" kann ein Erfolgsgarant für das Projekt werden. Promotoren sollten einen Querschnitt des Unternehmens darstellen. Eine überzeugte Büroleiterin, die allgemeine Wertschätzung genießt und vom Intranet-Projekt begeistert ist, kann unermessliche Dienste für das Projekt leisten.
- Promotoren sollten gut mit Menschen umgehen können und eine hohe Akzeptanz im Unternehmen besitzen. Sie sollten im Projekt freiwillig mitarbeiten und von der Einführung des Intranets begeistert sein.

3.2 Konzeptphase

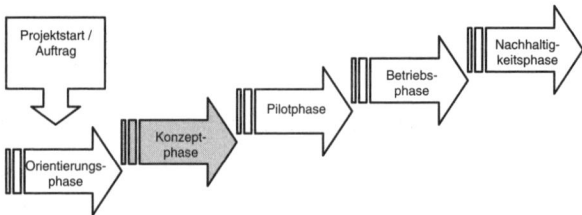

Projektauftrag und Projektteam stehen fest – in der Konzeptphase, der eigentlichen Projektplanung des Intranets geht es nun um eine klare Strukturierung des Intranet-Projekts, um dies zum Erfolg zu führen. Jeder gemeisterte und von allen Beteiligten nachvollziehbare Projektschritt gibt dem Team und allen Beteiligten einen Motivationsschub für den weiteren Aufbau des Intranets.

Insbesondere bei kleineren Projekten wird oft auf eine konkrete Planung verzichtet. Das Motto *„Fangen Sie mal mit dem Intranet an und dann werden wir sehen, was und wen wir noch dazu brauchen"* findet sich in der Praxis häufiger als man denkt. Negativbeispiele zur Einführung eines Intranets sind zahlreich. Natürlich sind Projektpläne, Meilensteine und Projektphasen nicht das Allheilmittel und keine Garantie für den Erfolg des Projekts, allerdings kann eine gute Planung viele Missverständnisse, Unstimmigkeiten und Unsicherheiten reduzieren und zu besserer Atmosphäre und Teamspirit beitragen.

Häufig fühlen sich Mitarbeiter, die zum Aufbau des Intranets benötigt werden, bereits mit ihrem eigentlichen Aufgabenbereich in der Linienfunktion ausgelastet. Eine zusätzliche Projekttätigkeit löst daher bei vielen erst einmal Zurückhaltung aus, vor allem, wenn sie noch in andere Projekte eingebunden sind. Eine genaue Projektplanung kann diese Zurückhaltung reduzieren, weil der Mitarbeiter nachvollziehen kann, auf was er sich einlässt. Auch für die spätere Darstellung des Projekts im Unternehmen ist eine exakte Planung notwendig und sehr hilfreich.

Ein gut ausgearbeiteter Projektplan trifft Aussagen zur Projektstruktur, zu den Abläufen und Terminen, zum Budget und zu den Ressourcen, zum Berichts- und Dokumentationswesen sowie zum Controlling.

Projektstrukturplan

Welche Aufgaben stehen überhaupt beim Aufbau eines Intranets an? Ein Intranet-Vorhaben kann rasch zu einem komplexen Projekt werden, da zahlreiche Bereiche, beispielsweise die Personal-, Kommunikations-, Marketing- und EDV-Abteilung, beteiligt sind und häufig auch die gesamten Mitarbeiter organisatorisch von den geplanten Aufgaben betroffen sind. Um nicht an der Gesamtaufgabe zu scheitern, sind im Projekt sinnvolle und überschaubare Teilaufgaben zu bilden, die geplant und jeweils für sich gesteuert und kontrolliert werden können. Einzelne Teilbereiche sind in Verbindung zueinander zu setzen, aus denen Abhängigkeiten und Schnittstellen abgeleitet werden können. Deshalb spricht man von einem Projektstrukturplan. Indem genau definiert wird, was zu tun ist, werden Ziele, Haupt- und Teilaufgaben erfasst und Arbeitspakete für das Projekt gebildet.

Mögliche Arbeitspakete beim Aufbau eines Intranets sind beispielsweise:

- Definition der Mitarbeiterkommunikation im Intranet
- Erstellung und Aufbereitung von Inhalten
- Grafische Gestaltung
- Aufbau und Betrieb der technischen Infrastruktur
- Unterstützung von Arbeitsprozessen
- Dokumentenmanagement
- Changemanagement

Die einzelnen Arbeitspakete können die nachfolgend beschriebenen Detailaufgaben umfassen.

Definition der Mitarbeiterkommunikation im Intranet

Die internen Kommunikationsprozesse im Unternehmen sind zu definieren und es muss geklärt werden, welche Rolle die Intranet-Kommunikation im Medien-Mix spielt. Ein Kommunikationsplan ist zu erstellen, der interne Zielgruppen der Intranet-Kommunikation identifiziert und Themen, Botschaften und Inhalte, die im Intranet behandelt werden sollen, festlegt.

Mitarbeiterbefragungen zeigen, dass Pressemitteilungen und Medienberichte die bedeutendsten Themenbereiche der Mitarbeiterkommunikation im Intranet sind. Mitarbeiter interessieren sich sehr stark für Informationen, die an publizistische Medien verteilt werden, oder welche die Medien über das Unternehmen verbreiten, da sie ihnen ohne Intranet kaum zugänglich sind. Eine hohe Relevanz haben auch unternehmensinterne Themen aus dem Personalwesen, wie die Aus- und Weiterbildung, Personalnachrichten, Personalien und Stellen. Aber auch Berichte zur Entwicklung und wirtschaftlichen Lage des Unternehmens, zum EDV-Einsatz, zu wirtschaftlichen Kennzahlen, Produkten und Dienstleistungen, Geschäftsbereichen, Arbeitsverfahren sowie Marketing werden im Intranet häufig verbreitet. Themen zum Marktumfeld, zu Forschung und Technologie, zum Sozialwesen und zur betrieblichen Interessenvertretung rangieren in der Praxis im Mittelfeld. Seltener werden im Intranet Themen des Umweltschutzes, der Qualitätssicherung, des Arbeitsschutzes, des betrieblichen Vorschlagswesens sowie der Bezahlung und der Sozialleistungen diskutiert. Vergleichsweise unbedeutend sind betriebsfremde Themen und die Bereiche Unterhaltung, Freizeitgestaltung und Privates.

Das Intranet dient in der Praxis überwiegend zur Darstellung aktueller und sachlicher Inhalte. Emotionale, zwischenmenschliche und vertrauliche Themen haben eine geringere Bedeutung. Es wird von Unternehmen als ein Medium zur schnellen, zeitunabhängigen und weltweiten Kommunikation eingesetzt. Hierbei spielen breitbandige und interaktive Anwendungen bislang eine geringe inhaltliche Bedeutung. Dies dürfte sich aber in Zukunft mit dem weiteren Ausbau der Firmennetze ändern.

Abbildung 9 illustriert nochmals die Top-Themen der Intranet-Kommunikation in der Praxis.

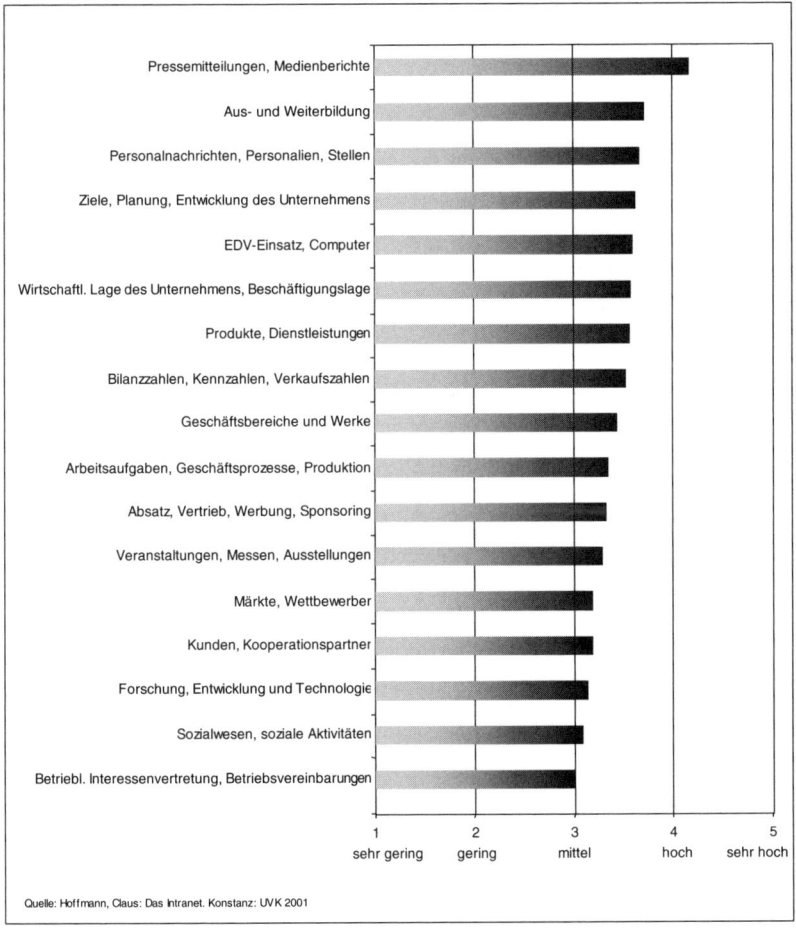

Abbildung 9: Themen der Intranet-Kommunikation

Erstellung und Aufbereitung von Inhalten

Ein Intranet-Auftritt benötigt attraktive und medienadäquate Inhalte. Diese müssen neu erstellt werden oder existierende Inhalte müssen für das neue digitale Medium aufbereitet werden. Die Mitarbeiter sind dazu zu gewinnen, selbst Inhalte bereitzustellen.

Grafische Gestaltung

Die Intranet-Seiten müssen grafisch aufbereitet werden, um die Mitarbeiter anzusprechen. Dabei sind eventuelle Design-Vorlagen oder Styleguides des Unternehmens zu berücksichtigen.

Aufbau und Betrieb der technischen Infrastruktur

Grundlage eines funktionierenden Intranets ist das Vorhandensein einer leistungsfähigen technischen Infrastruktur. Intranet-Server, Computernetzwerk, Contentmanagementsysteme, Software und Clients müssen beschafft, aufgebaut und konfiguriert werden. Eine Integration in die bestehende IT-Infrastruktur muss gewährleistet werden und eine Sicherheits-Infrastruktur sowie eine Sicherheitspolitik ist aufzubauen.

Unterstützung von Arbeitsprozessen

Arbeitsprozesse sind hinsichtlich Effizienz zu analysieren und, falls sich die Prozesse elektronisch unterstützen lassen, ist eine Programmierung oder der Einsatz von spezieller Workflow-Software zur Modellierung der Prozesse notwendig.

Dokumentenmanagement

Falls Dokumente mit Hilfe des Intranets verwaltet werden sollen, ist ein Konzept und eine Struktur zur Dokumentenverwaltung zu erstellen. Ein Dokumentenmanagementsystem ist zu programmieren oder eine bestehende Softwarelösung ist zu beschaffen und zu integrieren.

Changemanagement

Ein Changekonzept zur Einführung des Intranets ist aufzubauen, das die organisatorischen Veränderungen transparent macht und die Mitarbeiter für diese gewinnt.

Folgende Leitfragen sind am Ende der Erstellung des Projektstrukturplans zu stellen, um zu überprüfen, ob eine gute Basis für die nachfolgende Ablauf-, Zeit-, Ressourcen und Kostenplanung geschaffen wurde oder ob es noch Nachbearbeitungsbedarf gibt:

- Führt die Bearbeitung der Arbeitspakete zur Erreichung der gesetzten Ziele im Intranet-Projekt?
- Ist jedes Arbeitspaket hinsichtlich der zu erbringenden Leistung, Termine und Kosten eindeutig definiert?
- Können die Arbeitspakete den einzelnen Mitgliedern der Projektgruppe eindeutig zugeordnet werden?

Tipps

- Erarbeiten Sie als Projektleiter zusammen mit dem Projektteam die Aufgaben und achten Sie bei erfahrenen Mitarbeitern darauf, lediglich zu definieren, „was" zu tun ist und nicht „wie" es getan werden soll. Je mehr Freiheit und Handlungsspielraum erfahrene Projektmitglieder erhalten, umso engagierter bearbeiten sie ihre Arbeitspakete.
- Unterstützen Sie unerfahrene Projektmitglieder durch einen regelmäßigen Austausch und konkrete Hilfestellungen im Projektteam.
- Delegieren Sie nicht nur Aufgaben, sondern auch Verantwortung und Kompetenzen an die Projektmitglieder.

Ablauf- und Terminplan

Sind die anstehenden Aufgaben definiert und ein Projektstrukturplan aufgestellt, so ist in einem nächsten Schritt ein Ablauf- und Terminplan für das Intranet-Projekt zu erstellen, der alle Aufgaben und Abläufe erfasst sowie die Abhängigkeiten zwischen den einzelnen Vorgängen identifiziert und mit einer zeitlichen Dauer benennt. In der Praxis wird der Ablauf- und Terminplan auch Netzplan genannt, da er die vernetzte Struktur der Teilaufgaben aufzeigt.

Für ein erfolgreiches Projektmanagement ist es wichtig, die einzelnen Projektvorgänge und deren zeitliche Abfolge genau festzulegen. Es lassen sich damit Pufferzeiten und die „kritischen Wege" des Projekts feststellen, das heißt, die Kette kritischer Vorgänge ohne Zeitreserven, bei deren Verzögerung sich die Projektdauer insgesamt verlängert. Im Einzelnen sind bei der Ablauf- und Terminplanung zu definieren:

- Dauer der einzelnen Aufgaben/Vorgänge und Arbeitspakete.
- Früheste und späteste Anfangs- und Endtermine für jedes Arbeitspaket.
- Gesamtdauer des Intranet-Projekts.
- Konkreter Zeitrahmen des Projekts.

Mit folgenden Leitfragen lassen sich Ablauf- und Terminpläne überprüfen:

- Ist die Reihenfolge der Arbeitspakete effizient und sinnvoll?
- Sind Arbeitspakete, die zeitgleich erarbeitet werden, realistisch?
- Sind die Kapazitäten und Zeiten der Arbeitspakete angemessen?

Nachfolgend ist beispielhaft ein Ablauf- und Terminplan für ein Intranet-Projekt aufgeführt (Abbildung 10).

Nr.	Vorgang	Dauer (Arb.-Tage)	Frühester Anfang	Spätester Anfang	Frühestes Ende	Spätestes Ende	Freie Pufferzeit (Arb.-Tage)	Verant-wortlich
1	Ablauf- und Terminplan erstellen	2	28.01.	29.01.	30.01.	31.01.	1	Projekt-leitung, Herr Führmann
2	Budget- und Ressourcenplan erstellen	3	04.02.	05.02.	07.02.	08.02.	1	Verwal-tung, Herr Admin

3	Berichts- und Dokumentationswesen, Controllingprozesse definieren	2	04.02.	06.02.	06.02.	08.02.	2	Controlling, Frau Steuer
4	Pilotinhalte und -anwendungen erstellen	30	11.02.	18.2.	25.3.	01.04.	5	Kommunikation, Herr Redaxo
5	Seitenstruktur, Grafik, Navigation entwickeln	15	04.03.	11.03.	25.3.	01.04.	5	Marketing, Frau Signet
6	Technische Infrastruktur aufbauen	25	11.02.	25.2.	18.03.	01.04.	10	IT/EDV, Herr Digit
7	Intranet-Pilotseiten betriebsbereit erstellen	10	01.04.	05.04.	15.4.	19.4.	2	Projektleitung, Herr Führmann
8	Roll out Intranet-Pilot (Information, Kommunikation, Training, Mitwirkung der Pilotmitarbeiter)	20	22.4.	29.4.	20.5.	27.5.	5	Personal/Organisation, Frau Humans
9	Testbetrieb Intranet-Pilot	30	20.5.	27.5.	01.07.	08.07.	5	Projektleitung, Herr Führmann
10	Weiterentwicklung Intranet-Seiten und Ausbau des Intranet-Auftritts	40	01.07.	15.7.	26.8.	09.09	10	Projektleitung, Herr Führmann
11	Flächendeckender Roll out des Intranets (Information, Kommunikation, Training, Mitwirkung der Mitarbeiter)	30	26.8.	09.09	07.10.	21.10.	10	Personal/Organisation, Frau Humans
12	Regelkreise zur Qualitätserhaltung und -verbesserung aufbauen und etablieren	20	07.10.	21.10.	04.10.	18.11.	10	Projektleitung, Herr Führmann

Abbildung 10: Beispiel für einen Ablauf- und Terminplan

> **Tipps**
>
> - Beachten Sie, dass der Zeit- und Ablaufplan auch wirklich realistisch geplant ist und vor allem auch Pufferzeiten einkalkuliert wurden. Kein Projekt verläuft „wie am Schnürchen" und kommt deshalb ohne Puffer aus.
> - Überprüfen Sie regelmäßig, auch während der Umsetzung der Projektaufgaben, ob einzelne Projektteammitglieder überlastet sind.

Für die übersichtliche Darstellung von Ablauf- und Terminplanung eignen sich sehr gut Balkenpläne und Meilenstein-Diagramme. Die Balken in Abbildung 11 definieren die Aufgaben und ihre Zeitdauer. Meilensteine sind dagegen am Abschluss einer Aufgabe oder einer Projektphase. Ein Meilenstein ist nach DIN 69 900 „ein Ereignis besonderer Bedeutung". Es werden ihm geplante Projektergebnisse (Meilenstein-Inhalte) und ein Plantermin (Meilenstein-Termin) zugeordnet.

Vorgang	1	2	3	4	5	6	7	8	9	10	11	12
Ablauf- und Terminplan erstellen												
Budget- und Ressourcenplan erstellen												
Berichts- und Dokumentationswesen, Controllingprozesse definieren												
Pilotinhalte und -anwendungen erstellen												
Seitenstruktur, Grafik, Navigation entwickeln												
Technische Infrastruktur aufbauen												
Intranet-Pilotseiten betriebsbereit erstellen												
Roll out Intranet-Pilot												
Testbetrieb Intranet-Pilot												
Weiterentwicklung Intranet-Seiten und Ausbau des Intranet-Auftritts												
Flächendeckender Roll out des Intranets												
Regelkreise zur Qualitätserhaltung und -verbesserung aufbauen und etablieren												

       M1   **M2**
   Intranet-Pilot   **Intranet-Start**

Abbildung 11: Balkendiagramm Ablauf- und Terminplan

Tipps

- Balken- und Meilenstein-Darstellung sollen das Projekt übersichtlich strukturieren und das Projektteam bei der Arbeit unterstützen. Sie sollten nicht so kompliziert sein, dass sich die Projektbeteiligten mehr mit den Plänen beschäftigen als mit ihren eigentlichen Aufgaben.
- Bereiten Sie sich auf Terminverschiebungen vor und entwickeln Sie im voraus Handlungsalternativen zur Planerreichung.
- Stellen Sie bei den Projektteammitgliedern Verbindlichkeit für die Planungen her.

Budget- und Ressourcenplanung

Zur gezielten Umsetzung der definierten Aufgaben zum Aufbau des Intranets sind ein angemessenes Budget und die Bereitstellung geeigneter Ressourcen notwendig. In der Praxis wird die Budget- und Ressourcenplanung nur selten konfliktfrei verlaufen. Die Geschäfts- und Verwaltungsleitung muss vom Sinn und dem wirtschaftlichen Vorteil des Intranet-Projekts überzeugt werden. Dem erforderlichen Budget- und Ressourceneinsatz muss – zumindest mittelfristig – ein zählbarer Nutzen gegenüberstehen. Nicht nur die Kosten des Intranets sind zu ermitteln, sondern auch wirtschaftliche Leistungen.

Die Wirtschaftlichkeitsbetrachtung des Intranet-Einsatzes erscheint allerdings vielen Projektleitern auf den ersten Blick als schwierig: Eingespartes Papier lässt sich noch beziffern, wie können aber schnellere und transparentere Kommunikationsprozesse, der Abbau von Kommunikationsbarrieren, die Verbesserung des Betriebsklimas oder die gesteigerte Innovationsfähigkeit des Unternehmens gemessen werden? Die Identifizierung geeigneter Indikatoren zur (zukünftigen) Erfolgsmessung des Intranets ist vor diesem Hintergrund eine wichtige Aufgabe, die spätestens bei der Budget- und Ressourcenplanung zu leisten ist. Strategische Konzepte der Unternehmensplanung wie die Balanced Scorecard können hierbei eine hilfreiche Ausgangsbasis für die Bewertung des Intranet-Einsatzes sein.

Die benötigten Ressourcen und der erforderliche finanzielle Aufwand sind bei jedem Intranet unterschiedlich und abhängig vom konkreten Projektauftrag. Einfluss auf Kosten haben insbesondere der Umfang des geplanten Intranet-Projekts, der Einsatz von Standard- oder Individualsoftware, der Zeitraum der

Intranet-Implementierung, die bereits existierende technische Ausrüstung, die Anzahl der einzubeziehenden Mitarbeiter sowie die Qualifikation und die Motivation der Mitarbeiter. Grundsätzlich ist zu entscheiden, welche Aufgaben im Unternehmen selbst erledigt werden und welche externe Dienstleister und Agenturen übernehmen. Für letztere sind entsprechende Budgets bereitzustellen.

Nachfolgend werden die wichtigsten Aufgabenbereiche und Kostenfaktoren für die Budget- und Ressourcenplanung aufgeführt. Zu unterscheiden sind einmalige Anforderungen zum Aufbau des Intranets und laufende Aufwendungen für den Betrieb und die Weiterentwicklung. Ressourcen sind alle Mittel, die zur Erfüllung der Aufgaben eingesetzt werden können. Sie können personeller Art sein, es kann sich aber auch zum Beispiel um Rechte, Kompetenzen oder Zugriff auf sonstige Produktionsfaktoren handeln.

Projektmanagement

Für das Management des Intranet-Projekts müssen nicht nur personelle Ressourcen bereitgestellt werden, sondern es ist auch beispielsweise mit Kosten für Informationen, Analysen, Machbarkeitsstudien, Ausschreibungen, Erstellung von Pflichtenheften, Qualifikation des Projektteams und externer Beratung zu rechnen.

Technische Infrastruktur

Je nach vorhandener Infrastruktur und geplantem Intranet-Konzept können die Hard- und Softwareanschaffungen stark variieren. Die Kosten für die technische Infrastruktur lassen sich gegebenenfalls durch die bessere Nutzung vorhandener IT-Ressourcen minimieren. Die bestehenden Server und Computer, Datenbanken und Software können eventuell auch für Intranet-Anwendungen genutzt werden. Auch der Einsatz von Standardsoftware kann wesentlich günstiger sein als die individuelle Programmierung von Intranet-Seiten. Zudem kann die Entscheidung für so genannte Open Source-Software, die lizenzkostenfrei genutzt werden kann, die reinen Anschaffungskosten wesentlich reduzieren.

In den meisten Projekten muss ein Intranet-Server samt Betriebssoftware, ein Contentmanagementsystem, eine Datenbanksoftware und eventuell eine spezielle Intranet- oder Portal-Software, die bereits die wichtigsten Intranet-

Anwendungen standardmäßig enthält, angeschafft werden. Notwendig ist häufig auch die Installation von Sicherheitssystemen wie Firewalls.

Die Hard- und Software muss nicht nur beschafft, sondern auch in die IT-Infrastruktur des Unternehmens implementiert werden. Je nach Komplexität kann dies durch eigene IT-Fachkräfte oder externe Dienstleister erfolgen. Auch für den technischen Betrieb, insbesondere für Netzwerkmanagement, Serveradministration, Sicherheitskontrollen und Wartungen entstehen laufende Kosten, die zu berücksichtigen sind.

Erstellung von Inhalten und grafische Gestaltung

Die Intranet-Inhalte können durch die interne Kommunikationsabteilung, die Mitarbeiter oder durch freie Redakteure erstellt und gepflegt werden. Zu prüfen ist, ob weitere Inhalte, zum Beispiel tagesaktuelle Brancheninformationen, im Rahmen von so genannten Content-Syndication-Verträgen mit professionellen Content-Anbietern, Agenturen, Redaktionsbüros oder publizistischen Medien eingekauft werden. Denkbar ist es auch, so genannte RSS-Feeds von redaktionellen Internet-Websites und damit aktuelle, thematisch passende Kurzmeldungen in das Intranet des Unternehmens zu integrieren.

Häufig fehlt es in der Praxis auch an ansprechendem Bildmaterial, das aber von Fotografen oder Bildagenturen beschafft werden kann. Der Intranet-Auftritt ist zudem ansprechend zu gestalten. In der Regel sind daher Kosten für die grafische Gestaltung und das Erstellen von Styleguides und Design-Templates einzukalkulieren.

Unterstützung von Arbeitsprozessen

Falls Arbeitsprozesse mit Hilfe des Intranets unterstützt werden sollen, entstehen in der Regel Kosten für die Programmierung von Workflows, die Einbindung von Datenbanken und den Betrieb spezieller Intranet-Anwendungen.

Changemanagement

Bei der Einführung eines Intranets können nochmals größere Kosten entstehen, die in der Praxis häufig unterschätzt werden. Die Mitarbeiter sind kontinuierlich über das neue Intranet-Angebot zu informieren. Eventuell werden hierbei spezielle Informationsmaterialien gedruckt und verteilt. Für Sonderaktionen zur Einführung des Intranets ist ebenfalls entsprechendes Budget bereitzustellen. Geplante Schulungsmaßnahmen zur Qualifikation der Mitarbeiter können auch zu wesentlichen Kosten des Intranet-Projekts führen.

Abbildung 12 zeigt einen beispielhaften Budget- und Ressourcenplan.

Aufgabe	Ressourcen	Budget
Projektmanagement:		
Projektleitung	4 Personenmonate (PM): Führmann	3.000
Projektteam	6 PM: Admin, Steuer, Redaxo, Humans,	3.000
	Signet, Digit	
Studien, Analysen, Beratung	Zugriff auf Management-Datenbanken	7.000
Technische Infrastruktur:		
Intranet-Server	Stellplatz Rechenzentrum	5.000
Arbeitsplatzrechner	Nutzung bestehender IT-Struktur	2.000
Software		10.000
Contentmanagementsystem		15.000
Implementierung, Betrieb	1 PM: IT-Abteilung	8.000
Inhalte, Grafik:		
Contenterstellung	6 PM: Kommunikationsabteilung	10.000
Content-Syndication		15.000
Bildmaterial		5.000
Grafik-Design	Zugriff auf Corporate Design-Vorlagen	10.000
Styleguide		7.000
Workflows:		
Programmierung, Integration	2 PM: Organisationsabteilung	20.000
Changemanagement:		
Interne PR, Flyer, Roll out	2 PM: Kommunikationsabteilung	15.000
Mitarbeiterschulungen	3 PM: Personalabteilung	15.000
	Summe:	**150.000**

Abbildung 12: Budget- und Ressourcenplan

Ein Intranet benötigt aber nicht nur Budget und Ressourcen, sondern es sollte auch positive wirtschaftliche Effekte zur Folge haben. Neben strategischen Wirkungen, wie der leichteren Internationalisierung oder verbesserten Innovationsfähigkeit des Unternehmens, lassen sich Kosteneinsparungen und positive Produktivitätseffekte durch schnellere Kommunikation und Vorgangsbearbeitung, transparentere Information und bessere Nutzung von Ressourcen feststellen. Ein effizientes Informations- und Datenmanagement, reduzierter Kommunikationsaufwand und eine einfach zu bedienende Arbeitsoberfläche beschleunigen die Arbeitsprozesse in Unternehmen und Organisationen. Zudem werden die technischen Strukturen durch Standardisierung und Integration bestehender Anwendungen verbessert. Für die Budget- und Ressourcenplanung ist es wichtig, sich auch Gedanken über Einsparungen und Verbesserungen durch das Intranet zu machen und die wirtschaftlichen Effekte – soweit möglich – in messbaren Größen auszudrücken.

Ressourcen

Durch die verbesserte Kommunikation und optimierte Verteilung von Informationen mit Hilfe des Intranets können Einsparungen erzielt werden. Beispielsweise können Telefon-, Druck- und Portokosten gespart werden, unter Umständen sogar Reisekosten, wenn interne Abstimmungsprozesse online vorbereitet werden. Auch die Vermeidung von Medienbrüchen unterschiedlicher Datenquellen kann Kosten reduzieren.

Arbeitszeit

Ein gut gestaltetes Intranet sollte den Mitarbeitern bei ihrer Arbeit Zeit einsparen. Grundlegende Arbeitsmaterialien wie Dokumente, Vorlagen, Verträge, Kontaktadressen und Protokolle sind schneller zu finden und können leichter weitergegeben werden. Ein rollenbasiertes Zugangskonzept schützt dabei vor der Informationsüberflutung, da sich die bereitgestellten Inhalte an den Rollen und Bedürfnissen der Mitarbeiter orientieren.

Arbeitsqualität

Die verbesserte Informations- und Kommunikationsbasis kann die Qualität der Arbeitsprozesse nachhaltig verbessern und Fehler vermeiden. Entscheidungen können besser vorbereitet und kommuniziert werden, Arbeitsprozesse lassen sich klarer strukturieren und standardisieren. Dies kann insgesamt auch die Kundenzufriedenheit erhöhen.

Mitarbeiterbeteiligung und Wissensmanagement

Das Intranet kann Unternehmensteile und Mitarbeiter besser in das Unternehmen integrieren. Mitarbeiter können selbst Informationen und ihr Wissen bereitstellen, Meinungen und Ansichten können im Intranet diskutiert werden. Die erhöhte Partizipation der Mitarbeiter und die verbesserte Informationsbasis kann insgesamt zu einem verbesserten Betriebsklima und einer höheren Mitarbeiterzufriedenheit führen, die sich unter Umständen als Motivationsfaktor positiv auf die Arbeitsergebnisse auswirkt.

Die nachfolgende Übersicht in Abbildung 13 verdeutlicht beispielhaft das Potenzial an positiven Wirtschaftlichkeitseffekten des Intranets.

Position	Einspar- / Verbesserungspotenzial pro Jahr		
Ressourcen:			
Druckkosten	- 5 %	=	5.000
Papierkosten	- 10 %	=	3.000
Portokosten	- 15 %	=	7.000
Telefonkosten	- 5 %	=	3.000
Reisekosten	- 15 %	=	12.000
Arbeitszeit: Arbeitskosten (Beschleunigung Arbeitsprozesse)	- 5 %	=	50.000
Arbeitsqualität: Kosten Fehlerkorrektur	- 3 %	=	10.000
Mitarbeiter:			
Leistung Wissensmanagement	+ 10 %	=	10.000
Leistung Mitarbeiter (Motivation)	+ 2 %	=	20.000
Summe:			**120.000**

Abbildung 13: Exemplarische Einspar- und Verbesserungspotenziale

Tipps

- Erfassen Sie die für das Intranet zur Verfügung gestellten Ressourcen und das Budget möglichst vollständig. Nachträgliche Anforderungen sind in der Regel nur mit größerem Aufwand durchzusetzen und können leicht ein „schlechtes Licht" auf das Projektmanagement werfen.
- Klären Sie, ob die benötigten Ressourcen auch zum richtigen Zeitpunkt am richtigen Ort zur Verfügung stehen.
- Definieren Sie bereits im Vorfeld, wie Leistungen und Einsparungen des Intranets dokumentiert und bewertet werden können.
- Achten Sie bei externen Dienstleistern auf die Qualität der Leistung. Investieren Sie Zeit und Aufmerksamkeit auf ein umfassendes Briefing von Dienstleistern und steuern Sie Externe durch Ihr professionelles Projektmanagement. Intranet-Projekte scheitern häufig an der fehlenden Abstimmung und Kommunikation mit Externen.

Berichts- und Dokumentationswesen

Das Berichtswesen und die Dokumentation des Intranet-Projekts werden in der Praxis häufig als lästige Pflicht empfunden. Ein professionelles Projektmanagement zeichnet sich aber auch dadurch aus, dass die wesentlichen Vorgänge an die Projektbeteiligten kommuniziert werden, um sie angemessen am Projekt zu beteiligen, und der Projektfortschritt dokumentiert wird. Nur so ist gewährleistet, dass das Handeln des Teams und externer Dienstleister koordiniert verläuft und das Know-how des Projektteams auch genutzt wird. Darüber hinaus können sich auch bei Vorhandensein einer fundierten Dokumentation Dritte schnell in das Projekt einarbeiten und sich einen Überblick über den Stand verschaffen. Die Dokumentation kann auch die Basis für Lerneffekte in der Organisation sein. Die Anforderungen an das Berichts- und Dokumentationswesen können in der Praxis von Unternehmen zu Unternehmen stark variieren. Häufig hängen sie auch davon ab, ob die Unternehmensprozesse nach einer allgemeinen Industrienorm zertifiziert sind.

Bereits im Vorfeld des Projekts sollte geklärt werden, wie das Berichtswesen und die Dokumentation zu gestalten ist. Folgende Fragen sind zu beantworten:

- Wer soll berichten und dokumentieren?
- Wer soll unterrichtet werden?
- Zu welchem Zweck soll berichtet und dokumentiert werden?
- Was soll berichtet und dokumentiert werden?
- Wann und wie häufig soll berichtet und dokumentiert werden?

Das Berichts- und Dokumentationswesen lässt sich mit Hilfe spezieller Projektmanagementsoftware unterstützen. Eine weitere Möglichkeit besteht darin, parallel zum eigentlichen Intranet-Auftritt eine webbasierte Projektmanagementplattform aufzubauen, die zentrale Projektinformationen zusammenführt, die für alle Projektbeteiligten – sobald die technische Infrastruktur des Intranets einsatzbereit ist – abrufbar sind.

Bei einem typischen Intranet-Projekt gibt es üblicherweise verschiedene Standarddokumente, die in unterschiedlichen Projektphasen erstellt werden. In der Orientierungsphase sollte ein schriftlicher Projektauftrag erstellt und mit den notwendigen Unterschriften bestätigt werden. In der Konzeptionsphase sind diverse Planungsdokumente, zum Beispiel Ablauf- und Terminpläne, Budget- und Ressourcenpläne oder Kommunikationspläne, aufzustellen. Die technischen Anforderungen an eine Intranet-Plattform werden üblicherweise in einem so genannten „Pflichtenheft" festgehalten. Dieses kann auch dazu dienen, externe Dienstleister zu beauftragen, die ihrerseits die vereinbarten Leistungen in einem so genannten „Lastenheft" dokumentieren. Anhand des Pflichten- und Lastenhefts kann bei Projektabschluss überprüft werden, ob alle Aufgaben wie vereinbart erledigt wurden.

In der Pilot- und Betriebsphase können Informations- und Kommunikations- und Trainingskonzepte und in der Nachhaltigkeitsphase Aufzeichnungen zur Qualitätsverbesserung schriftlich dokumentiert werden. Zu Projektabschluss ist ein Abschlussbericht zu erstellen, der alle relevanten Daten zum Projektverlauf enthält und darstellt, ob alle gesetzten Ziele erreicht wurden und falls nicht, die Gründe für die Abweichung aufführt.

Neben den zentralen Aufzeichnungen in den Projektphasen sollte der Projektleiter laufend Projektstatusberichte, Ergebnisprotokolle der Besprechungen und Delegationslisten dokumentieren. Ein Projektordner, der ständig auf dem aktuellen Stand gehalten werden muss, kann wie folgt gegliedert sein:

- Projektauftrag und Projektstatusberichte
- Ziele, Projektstruktur und Hintergrundinformationen
- Pläne, Teilprojekte und Delegationen

- Protokolle
- Korrespondenz
- Ausschreibungen, Aufträge und Rechnungen
- Verträge und Vereinbarungen
- Informations- und Kommunikationsmaterialien, Präsentationen
- Abschlussbericht
- Lessons learned: Erfahrungen für spätere Projekte

Die nachfolgende Übersicht in Abbildung 14 stellt nochmals typische Berichte während der Projektlaufzeit dar.

Bericht	Autor	Empfänger	Termin
Ad hoc-Berichte bei Problemen	Projektteammitglieder	Projektleiter oder Teilprojektleiter	Ad hoc bei Problemen
Arbeitspaketbericht	Arbeitspaket-verantwortliche	Teilprojektleiter	wöchentlich
Statusbericht	Teilprojektleiter	Projektleiter	14-täglich
Lenkungsteambericht	Projektleiter	Lenkungsteam	monatlich
Geschäftleitungsbericht	Projektleiter	Geschäftleitung	Quartal
Kaufmännischer Bericht	Projektleiter	Controlling	Quartal
Qualitätssicherungs-bericht	Qualitätsverantwortliche oder Projektleiter	Projektleiter oder Qualitätsbeauftragter	Quartal
Abschlussbericht	Projektleiter	Lenkungsteam und Geschäftleitung	Projektabschluss

Abbildung 14: Typische Projektberichte

Häufig wird der Nachbetrachtung von Projekten in der Praxis nur wenig Aufmerksamkeit geschenkt. Aber gerade diese Phase ermöglicht es, das Wissen und die Erfahrungen längerfristig nutzbar zu machen und für zukünftige Projekte zur Verfügung zu stellen. Das gewonnene Know-how bei der Einführung des Intranets sollte keinesfalls verloren gehen. Deshalb sollten zusätzlich zum Abschlussbericht noch die gewonnenen Erfahrungen während des Projekts in einer gemeinsamen Reflexion aller Projektbeteiligten zusammengetragen werden. Dieser Erfahrungsbericht kann folgende Punkte berücksichtigen:

- Was war hilfreich und was war hinderlich bei der Erreichung der Projektziele?
- Was kann besser gemacht werden, wenn das Projekt nochmals durchgeführt werden würde?
- Welche Krisen sind aufgetreten und wie wurde damit umgegangen?
- Wir war die Zusammenarbeit im Team? Wurden die richtigen Mitarbeiter bei der Zusammenstellung des Projektteams ausgewählt?
- Wie verlief die Zusammenarbeit mit Partnern oder externen Dienstleistern?
- War das Controllingkonzept effizient und effektiv?

Tipps

- Der Projektordner sollte gleich zum Projektstart angelegt werden. Denn gerade die Dokumentation wird oft als unangenehm empfunden und nach hinten geschoben.
- Für die Projektsteuerung ist es besser, häufiger und dafür aber weniger umfangreich zu berichten. Reaktionszeiten lassen sich damit reduzieren.

Controlling

Controlling ist mehr als bloße Kontrolle und wird häufig missverstanden. Controlling ist eine unterstützende Projektbegleitung für alle Beteiligten, um frühzeitig Planabweichungen sowie die Ursachen für diese Planabweichungen zu erkennen und Konsequenzen daraus zu ziehen. Die Begleitung des Intranet-Projekts durch Controllingmaßnahmen ist notwendig, um den Projektfortschritt zu erkennen und bei Bedarf nachsteuern zu können. Gerade beim Controlling kommt es auf eine vertrauensvolle und konstruktive Zusammenarbeit aller Projektbeteiligten an. Nur so können frühzeitig Probleme geklärt und Abweichungen korrigiert werden. Die konkreten Controllingmaßnahmen sind frühzeitig festzulegen und es ist zu klären, ob alle Beteiligten damit einverstanden sind.

Ziel eines wirksamen Controllings ist es, Mehrarbeit und „Sackgassenarbeit" zu verhindern und Prozesse zur Zielerreichung zu steuern. Werden Sinn und Zweck des Controllings richtig vermittelt, dann werden es alle Beteiligten als hilfreiches Instrument des Projektmanagements erleben.

Das Controlling kann sich nicht nur auf finanzwirtschaftliche Größen wie Kosten, Leistungen, Aufwand und Ertrag erstrecken, sondern auch inhaltliche Kriterien einbeziehen. Im Rahmen eines internen Kommunikationscontrollings kann beispielsweise geprüft werden, ob die Kommunikationsziele mit dem Intranet erreicht werden. Mit Hilfe von Nutzungszahlen wie PageViews oder Visits lässt sich leicht feststellen, wie stark das neue Medium von den Mitarbeitern genutzt wird und welche Inhalte besonders gefragt sind. Darüber hinaus kann mit Benutzerbefragungen gezielt der Kommunikationserfolg einzelner Maßnahmen, zum Beispiel von Informationsplattformen, Chatforen, Weblogs oder Newsgroups, festgestellt werden.

Um rechtzeitig Planabweichungen festzustellen, empfiehlt es sich, ein funktionierendes Frühwarnsystem zu etablieren. Meist gibt es vor Projektkrisen „schwache Signale", die zwar zur Projektleitung vordringen, aber nicht ausreichend gewürdigt werden. Vorsicht ist beispielsweise angebracht, wenn Teammitglieder nicht auf Anfragen oder E-Mails reagieren, Briefing-Gespräche unstrukturiert verlaufen, Dienstleister Nächte durcharbeiten, um Prototypen zu entwickeln, ständig neue Anforderungen von der Geschäftsleitung an das System gestellt werden oder das Tagesgeschäft der Projektbeteiligten vorgeht.

3.3 Pilotphase

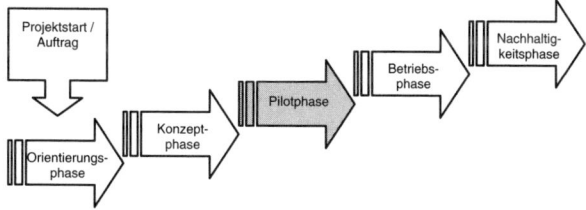

Die Pläne für das Intranet sind geschmiedet, Budget und Ressourcen werden bereitgestellt und ausreichende Vorkehrungen zur Projektsteuerung sind getroffen – nun geht es an die praktische Umsetzung und den Aufbau eines ersten Prototypen. Gefragt sind nun klassische Macherqualitäten der Projektbeteiligten, um die Ideen zu realisieren.

Ziel der Pilotphase ist es, zunächst einen funktionsfähigen Intranet-Prototypen mit Pilotanwendungen zu entwickeln, der nach einem Testbetrieb bei ausgewählten Mitarbeitern in den Regelbetrieb für die gesamte Belegschaft übergehen kann. Das Projektteam kann sich hierbei an fünf aufeinander folgenden Stufen orientieren:

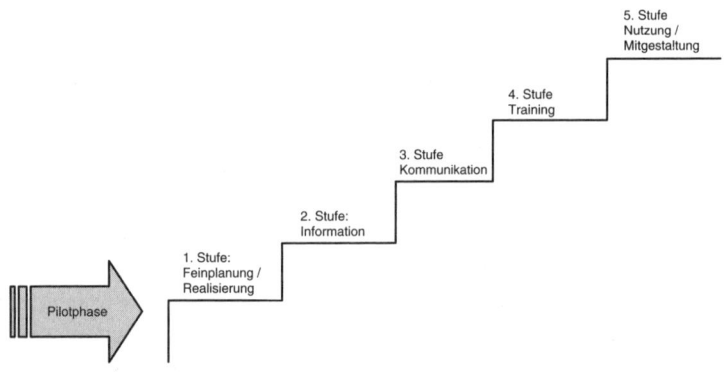

Stufe 1: Die Feinplanung und Realisierung des Piloten

Ausgangsbasis für die Feinplanung und Realisierung eines Intranet-Piloten ist die bisherige Projektplanung mit dem Projektstrukturplan, dem Ablauf- und Terminplan und dem Budget- und Ressourcenplan. Die Grobplanung wird nun durch eine Feinplanung für die Intranet-Pilotanwendungen auf der Arbeitsebene ergänzt. Hierbei ist es wichtig, die ursprünglichen Ziele des Intranets nicht aus den Augen zu verlieren und nicht gleich den gesamten Intranet-Auftritt, sondern zunächst nur einzelne Bereiche und Anwendungen zu realisieren und zu testen. Zu klären sind bei der Feinplanung insbesondere folgende Fragen:

- Wer und wie viele Personen sollen und können am Intranet-Pilotprojekt teilnehmen?
- Welche Priorität hat die Entwicklung von Pilotanwendungen im Tagesgeschäft der Projektbeteiligten?
- Müssen Stakeholder oder der Betriebs- oder Personalrat eingebunden werden? Inwieweit muss eine mögliche Betriebsvereinbarung modifiziert oder eine neue abgeschlossen werden?
- Informations-, Kommunikations- und Schulungsplan: Wie und wann werden die Projektbeteiligten informiert und geschult? Welche Kommunikationsangebote gibt es?
- Wie kann der Einsatz der Promotoren erfolgen?

- Wie, wann und wie oft findet der Austausch des Projektteams mit dem Lenkungsteam und den Promotoren statt?
- Wie und wann finden Auswertungsworkshops der Intranet-Pilotprojekte statt? Wie werden die Erfahrungen und die Feedbacks ausgewertet? Welche Personen bzw. Personengruppen müssen einbezogen werden?

Ein zentraler Punkt ist die Auswahl der Pilotinhalte. Zu entscheiden ist, welche Anwendungen als erstes realisiert und getestet werden. Kriterien bei der Auswahl können die Relevanz der Inhalte für die Zielgruppen des Intranets, die Komplexität der Entwicklung und die Anzahl der potenziell angesprochenen Mitarbeiter sein. Erfahrungsgemäß sollten zunächst einfache Anwendungen entwickelt werden, die den Mitarbeitern einen hohen Nutzen versprechen und diese zur Nutzung des Intranets motivieren. Dies sind zum Beispiel:

Mitarbeiterinformation
Informationen zum Unternehmen, insbesondere aktuelle Pressemitteilungen und Medienberichte, stehen bei Mitarbeitern in der Praxis hoch im Kurs. Eine große Relevanz haben aber auch unternehmensinterne Themen aus dem Personalwesen, wie die Aus- und Weiterbildung, Personalnachrichten, Personalien und Stellen. Aber auch Berichte zur Entwicklung und wirtschaftlichen Lage des Unternehmens, zum EDV-Einsatz, zu wirtschaftlichen Kennzahlen, Produkten und Dienstleistungen, Geschäftsbereichen, Arbeitsverfahren sowie Marketing werden im Intranet häufig nachgefragt. Für die Pilotanwendung bietet es sich an, eine Auswahl der genannten Themen zu treffen und ein entsprechendes Intranet-Informationsangebot zu entwickeln.

Mitarbeiterkommunikation
Neue Kommunikationsangebote in Intranets wie Chats, Diskussionsgruppen, Wikis oder Weblogs werden in der Regel von den Mitarbeitern zunächst nur zögerlich angenommen. Die Mitarbeiter müssen sich zunächst Grundkenntnisse im Umgang mit dem neuen Medium aneignen, bevor sie selbst aktiv Inhalte beisteuern. Daher bietet es sich an, in Pilotprojekten zunächst ganz spezielle, auf eine bestimmte Zielgruppe zugeschnittene Kommunikationsangebote zu entwickeln, die den Kommunikationspartnern einen hohen Nutzen versprechen und sie zur Mediennutzung entsprechend motivieren. Dies können zum Beispiel spezielle Diskussionsgruppen für Produktentwickler oder ein betreutes Chatforum für internationale Mitarbeiter sein. Wird im Rahmen des Intranets auch ein

E-Mail-System installiert, so sollten sich die Aktivitäten zunächst auf den Umgang und den Einsatz dieses neuen Mediums konzentrieren.

Arbeitsprozesse
Die Digitalisierung von Arbeitsprozessen sollte sich auch am Verhältnis von Aufwand und Nutzen orientieren. Beispielsweise lassen sich einfache Kalenderanwendungen zur Abstimmung von Terminen, Aufgabenlisten zur Koordination in Projekten oder die Abbildung von Anträgen wie dem Reise- oder Urlaubsantrag leicht aufbauen. Spezielle Prozesse, etwa im Bereich Warenwirtschaft mit der entsprechenden Anbindung von Warenwirtschaftssystemen oder im Bereich Marketing mit CRM-Systemen, benötigen in der Regel einen längeren Vorlauf und sollten sorgfältig geplant werden.

Dokumentenmanagement
Im Bereich Dokumentenmanagement lassen sich für einen Intranet-Piloten leicht Musterbriefe, Musterverträge, Checklisten oder andere Standarddokumente strukturiert, stets aktuell und übersichtlich bereitstellen. Der Aufbau und die Implementierung eines speziellen Dokumentenmanagementsystems, das Dokumente automatisch und projektorientiert verwaltet, ist in der Regel mit mehr Zeitaufwand verbunden.

Wissensmanagement und Qualifizierung
Der Zugang zum Wissen von Kollegen und Mitarbeitern und die Möglichkeit zur Qualifizierung kann ein wichtiges Motiv der Intranet-Nutzung sein. Im Rahmen des Intranet-Pilotprojekts geht es zuallererst um die Erschließung vorhandener Quellen und Erfahrungen. In den meisten Fällen gibt es in Arbeitsgruppen oder Teams Best-Practice-Beispiele, Informationsdossiers zu bestimmten Themen, Kunden und Entwicklungen oder allgemeine Materialien für neue Mitarbeiter, die im Intranet erschlossen und für die Nutzer bereitgestellt werden können. Eventuell lassen sich auch interne Schulungsmaterialien für Weiterbildungszwecke im Intranet veröffentlichen. Der Aufbau eines Wissensmanagementsystems, das Wissen nicht nur verwaltet, sondern auch den Prozess der Wissensgenerierung und -verteilung begleitet, und die Implementierung von E-Learning-Angeboten ist dagegen mit einem höheren Aufwand verbunden.

Tipps

- Versuchen Sie für das Intranet-Pilotprojekt möglichst freiwillige Teilnehmer zu gewinnen. Stellen Sie für die Teilnehmer den Mehrwert des Pilotprojekts dar, z. B. Informationsvorsprung, Imageerhöhung oder Einflussmöglichkeiten auf das Projekt.
- Überlegen Sie genau, welche Pilotteams von den übrigen Mitarbeitern am ehesten akzeptiert werden. Instruieren Sie die Pilotteams und die begleitenden Promotoren über die Wichtigkeit der Kommunikation von „Success-Story-Telling".
- Beziehen Sie den Betriebs- oder Personalrat in die Entwicklung mit ein.
- Prüfen Sie bei allen Inhalten, ob das Unternehmen im Besitz von Veröffentlichungsrechten ist.
- Konzentrieren Sie sich in der Pilotphase auf einfache Inhalte und Anwendungen, die den Mitarbeitern einen hohen Nutzen versprechen. Verzichten Sie am Anfang auf komplexe Multimediaanwendungen, die zwar innovativ wirken, aber häufig nicht leicht zu verstehen und zu bedienen sind.

Stufe 2: Die Information

Nachdem das Projektteam die Feinplanung und die Entwicklung des Intranet-Prototypen abgeschlossen hat, geht es im nächsten Schritt um die angemessene und kontinuierliche Information der Mitarbeiter. Hierbei ist zu beachten, dass nicht nur die vom Testbetrieb direkt betroffenen Mitarbeiter zu informieren sind, sondern auch die restliche Belegschaft, um Gerüchte und Mutmaßungen über das Projekt zu vermeiden. Zur Information der Mitarbeiter können folgende Instrumente eingesetzt werden:

- Direkte Anschreiben, Umläufe, Rundschreiben durch die Geschäftsleitung, den Projektleiter oder das Projektteam.
- Speziell für das Intranet-Pilotprojekt entwickelte Faltblätter/Flyer oder Informationsbroschüren.
- Falls bereits mit E-Mails gearbeitet wird, elektronische Informationen an die Mitarbeiter.
- Information der Führungskräfte, die diese an die Mitarbeiter weitergeben.

• Information der Promotoren, die in Mitarbeiterbesprechungen über das Intranet berichten.
• Beiträge in der Mitarbeiterzeitschrift oder Aushänge an Schwarzen Brettern.
• (Groß-)Gruppeninformationsveranstaltungen bzw. Information in Betriebs- oder Mitarbeiterversammlungen.
• Information per Intranet: Im Intranet-Prototypen selbst sollten Informationen über das Pilotprojekt zu finden sein.

Beim Einsatz der Informationsinstrumente ist zu bedenken, dass die Wahl des entsprechenden Mediums bereits eine Botschaft signalisiert. Der Erhalt eines persönlichen Schreibens durch den Geschäftsführer wirkt anders und gibt dem Intranet-Projekt eine andere Wertigkeit als ein bloßer Aushang am Schwarzen Brett.

Stufe 3: Die Kommunikation

Die Mitarbeiterkommunikation geht im Vergleich zur Information noch einen bedeutenden Schritt weiter. Informationsprozesse verlaufen grundsätzlich einseitig, den Mitarbeitern werden lediglich Neuigkeiten mitgeteilt. Kommunikation ist dagegen ein zweiseitiger Prozess, es findet ein Dialog und ein Austausch von Aussagen zwischen den Kommunizierenden statt. Die Mitarbeiter werden nicht nur einseitig durch die Geschäftsleitung oder das Projektteam informiert, sondern sie haben die Möglichkeit und sind explizit dazu angehalten, ihre Meinung und Vorschläge zum geplanten Pilotprojekt zu äußern. Dies kann beispielsweise geschehen in:

• Einzeldiskussionen mit Vorgesetzten, Projektteammitgliedern oder Promotoren.
• Mitarbeitermeetings, in denen Diskussionszeit zum Intranet-Projekt eingeräumt wird.
• Spezielle Workshops zur Diskussion des Intranets mit den Projektverantwortlichen.
• Großgruppenevents wie World-Café, Open Space- oder RTSC-Konferenzen mit thematisch orientierten Diskussionsgruppen, welche die Diskussionsergebnisse sammeln und im Plenum nochmals besprechen bzw. für alle Beteiligten zur Verfügung stellen. Großgruppenevents bieten den Vorteil, alle Be-

teiligten zeitgleich und einheitlich zu informieren. Der „Stille Post"-Effekt kann damit minimiert werden.

* Kommunikation per Intranet: Die neuartigen Kommunikationsangebote des Intranets können ebenfalls zum Dialog mit den Pilotmitarbeitern genutzt werden.

Für ein glaubwürdiges Projektmanagement ist es wichtig, die Ergebnisse der Diskussionen und Kommunikationsmaßnahmen in das Intranet-Pilotprojekt einfließen zu lassen, oder falls dies nicht möglich ist, die Beteiligten über die Gründe der Nichtberücksichtigung zu informieren.

Tipps

* Berücksichtigen Sie bei Ihren Kommunikationsmaßnahmen auch informelle Netzwerke der Mitarbeiter und den so genannten „Flurfunk".
* Ihr Kommunikations- und Informationsplan sollte die wichtigsten Anspruchsgruppen und Meinungsführer im Unternehmen ansprechen und Transparenz, Glaubwürdigkeit, Vertrauen und eine positive Reputation ausstrahlen.

Stufe 4: Das Training

Die Einführung eines Intranets stellt nicht nur eine technologische Entwicklung dar, sondern sie muss auch von Personalentwicklungsmaßnahmen begleitet werden. Die Pilotanwender müssen sich im Umgang mit dem Intranet eine Medienkompetenz aneignen, um ihr Informations- und Kommunikationsverhalten zu verändern und dem neuen Angebot anzupassen. In der Praxis zeigt sich häufig, dass erst die Entwicklung des Intranets die Aufmerksamkeit auf das Phänomen der Kommunikation in Unternehmen lenkt. Regelungen zur Mitarbeiterkommunikation bestehen noch nicht in allen Unternehmen und die Notwendigkeit, kommunikative Kompetenzen zu trainieren, wird noch nicht überall erkannt.

Die Pilotmitarbeiter müssen für den Intranet-Einsatz ausreichend trainiert werden, um ihre Arbeitsaufgaben mit Hilfe des neuen Mediums zu lösen und ihr Kommunikationsverhalten zu verändern. Vor allem sollte den Mitarbeitern aber auch Freude am Umgang mit dem Medium Intranet vermittelt werden. Häufig wird beim Training der Schwerpunkt auf das rein technische Know-how gelegt.

Das ist aber in Veränderungsprozessen entschieden zu wenig. Den beteiligten Personen muss sowohl der individuelle Gewinn und Nutzen als auch der Spaß an der gestellten Aufgabe vermittelt werden. Selbstverständlich sollten die Intranet-Pilotteams auch die notwendige zeitliche Freistellung bekommen, um Erfahrungen zu sammeln, das neue Medium ausgiebig testen und ihre Meinung äußern zu können.

Tipps

- Vermitteln Sie nicht nur rein technisches Know-how. Die Pilotmitarbeiter müssen auch motiviert werden und auf ihre Testaufgabe stolz sein.
- Die Pilotmitarbeitern sollten sich als Mitbeteiligte an der Entwicklung verstehen. Nur dann werden sie positive Geschichten über das Intranet-Projekt und den späteren Roll out im Unternehmen verbreiten.

Stufe 5: Die Nutzung und Mitgestaltung

Die Pilotmitarbeiter müssen nicht nur für die Nutzung des Intranet-Piloten qualifiziert werden, sondern sie müssen auch in die Entwicklung einbezogen werden. Die Mitgestaltung der Mitarbeiter ist im Changemanagement eine zentrale Stufe, die über die Akzeptanz und den Erfolg entscheidet. Nur wenn Mitarbeiter wirklich am Veränderungsprozess beteiligt sind und diese Mitwirkung nicht nur vorgetäuscht wird, tragen sie die Einführung des neuen Mediums mit und es wird sich bei ihnen so genannter Besitzerstolz (Ownership) einstellen. Betroffene zu Beteiligten zu machen, ist eine Grundvoraussetzung für erfolgreiche Veränderungsprozesse. Insbesondere für ein Medium wie das Intranet, das von der Mitwirkung und Akzeptanz der Mitarbeiter lebt, ist die Beteiligung der Betroffenen unumgänglich.

Das Projektteam sollte sich schon im Vorfeld bei der Planung und in Absprache mit dem Lenkungsteam darüber klar werden, bei welchen Aufgaben und in welchen Ausmaß die Pilotmitarbeiter Mitgestaltungsmöglichkeiten haben. In der Praxis hat sich die Kombination von klar definierten Zielen, bei denen die Mitarbeiter keine Mitwirkungsmöglichkeiten haben, und offen formulierten Wegen zur Zielerreichung, die einen hohen Gestaltungsspielraum haben, bewährt. Eine umfassende Mitgestaltung aller betroffenen Mitarbeiter wird in der Praxis erst bei der Umsetzung des Intranets möglich sein. Zu diesem Zeit-

punkt können noch Fragen der inhaltlichen Strukturierung, der grafischen Gestaltung und der Usability geklärt werden und Anregungen der Mitarbeiter geprüft und gegebenenfalls aufgegriffen werden.

Als Instrument zur Einholung von Resonanz der beteiligten Pilotmitarbeiter
sind Kurzworkshops hervorragend geeignet. Ideal sind Veranstaltungen für
kleinere Gruppen in einer offenen Gesprächsatmosphäre. Hier kann das Feedback ermittelt und dokumentiert werden. In der frühen Projektphase sind un-
persönliche schriftliche Befragungen weniger gut geeignet, da das interaktive
Element fehlt und nur von einer geringen Beteiligung auszugehen ist.

Die Auswertung der Testphase mit den Pilotmitarbeitern sollte möglichst
strukturiert verlaufen. Schon in der Planungsphase sollten konkrete Vorgehensweisen erarbeitet werden, wie die Auswertung der Pilotprojekte erfolgen kann
und wie eventuell eingehende Ideen und Anregungen der Mitarbeiter
kontinuierlich in das Intranet-Projekt integriert werden können.

In Auswertungsworkshops sollten auf jeden Fall neben den Projektteammitgliedern auch die Promotoren dabei sein, um als „Story-Teller" im Unternehmen fungieren zu können. Die Promotoren dienen als konkrete Ansprechpartner vor Ort für die Mitarbeiter und müssen demnach auch ausreichend informiert und in die Prozesse und Planungen eingebunden sein.

Die Zusammenfassung und Auswertung der Workshop-Ergebnisse müssen
mit dem Lenkungsteam diskutiert und befürwortet oder abgelehnt werden. Eine
Ablehnung von eingereichten Ideen bzw. Anregungen – gleichgültig ob durch
die Pilotteams oder andere Mitarbeiter – sollte stets begründet werden. Es gibt
kaum etwas Frustrierenderes für Beteiligte von Veränderungsprozessen, als eine
Ablehnung ohne ausreichende Begründung.

Tipps

- Kommunizieren Sie den Mitarbeitern der Pilotanwendungen klar, in welchen
  Bereichen sie Mitgestaltungsmöglichkeiten haben, zum Beispiel bei Inhalten,
  dem Design oder dem Ablauf von Arbeitsprozessen, und worauf sie keinen Einfluss nehmen können. Mitarbeiter, die aktiv diskutiert und viele Ideen einge-
  bracht haben und dann feststellen müssen, dass ihre Ideen nicht aufgegriffen
  wurden, können in hohem Maße „Bremser" und „Verhinderer" des Intranet-
  Projekts werden.
- Abgelehnte und nicht weiter verfolgte Vorschläge sind mit einer, wenigstens
  kurzen Begründung – auch wenn dies Zeit kostet – zu kommentieren.

3.4 Betriebsphase

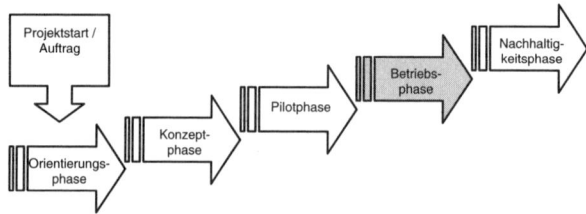

Die Intranet-Pilotprojekte sind abgeschlossen und die Ergebnisse sind ausgewertet. Nun geht es in der Betriebsphase um die erfolgreiche Einführung und Weiterentwicklung des neuen Mediums im Gesamtunternehmen oder den geplanten Bereichen, sprich, dem Roll out des Intranets bei den Mitarbeitern. Auch in der Betriebsphase kann sich das Projektteam wieder an die in der Pilotphase aufgeführten fünf aufeinander folgenden Stufen orientieren, um den Projektverlauf optimal und kontinuierlich transparent zu gestalten. Der Personenkreis erstreckt sich nun allerdings auf die Gesamtbelegschaft oder einzelne Teilbereiche.

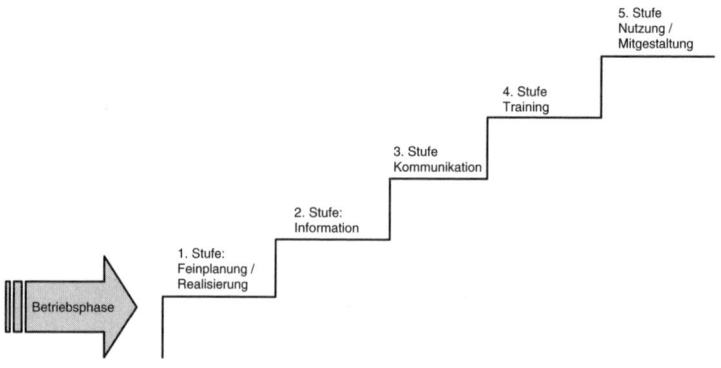

Stufe 1: Die Feinplanung und Realisierung im laufenden Betrieb

Auch die flächendeckende Einführung des Intranets bedarf nochmals einer Detailplanung und der Realisierung der Planungen durch das Projektteam. Die Feinjustierung ist wichtig, um alle Aspekte, Veränderungen und Erkenntnisse mit einzubeziehen, die sich seit der Konzeptphase ereignet haben. Leitfragen für die Betriebsphase können folgende sein:

- An welchem Datum soll das Intranet offiziell eingeführt werden? Welcher Zeitraum ist für die Einführung gut geeignet?
- Wer muss von wem zu welchem Zeitpunkt über den Intranet-Start informiert werden? Wie müssen Anspruchsgruppen/Stakeholder und der Betriebs- bzw. Personalrat eingebunden werden? Muss zur Betriebsphase eine bestehende Betriebsvereinbarung angepasst werden? Inwieweit müssen organisatorische Aufzeichnungen wie das Organisationshandbuch oder Stellenbeschreibungen aufgrund neuer Aufgaben modifiziert werden? Wie werden Vorgesetzte und Führungskräfte informiert?
- Welche gesetzlichen Informationspflichten, zum Beispiel nach dem Betriebsverfassungsgesetz, bestehen und können nun mit Hilfe des Intranets erfüllt werden? Welche Veränderungen ergeben sich für die klassischen Medien der Mitarbeiterinformation, etwa dem Schwarzen Brett?
- Informations-, Kommunikations- und Schulungsplan: Wie und wann werden alle Mitarbeiter informiert und geschult? Welche Kommunikationsangebote gibt es?
- Wie kann der Einsatz der Promotoren erfolgen? Welche Prozessbegleitungsmaßnahmen und Umsetzungsberatungen wie die Einführung einer internen Telefonhotline sind Erfolg versprechend und notwendig?
- Welche neuen Aufgaben gibt es für die Mitarbeiter, beispielsweise das Bereitstellen und die Pflege von Intranet-Inhalten? Wie müssen Stellenbeschreibungen verändert und Aufgaben delegiert werden?
- Wie lassen sich die Mitarbeiter zur Nutzung des Intranets motivieren? Welche Anreize gibt es?
- Wie kann der Erfolg des Intranets evaluiert werden? Wie wird die Einführung eines Feedback-Regelkreises und somit eines Qualitätssicherungsinstruments gestaltet? Wie können Verbesserungsprojekte und kontinuierliche Verbesserungsprozesse initiiert werden?
- Wie, wann und wie oft findet der Austausch des Projektteams mit dem Lenkungsteam und den Promotoren statt?

Tipps

- Bedenken Sie, dass viele Mitarbeiter ein hohes Beharrungsvermögen besitzen. Insbesondere in Zeiten schneller und großer Veränderungen wird der Wandel häufig skeptisch betrachtet.
- Seien Sie nicht enttäuscht, wenn Mitarbeiter nicht sofort mit der Begeisterung reagieren, die Sie persönlich für angemessen oder wünschenswert halten.

Stufe 2: Die Information

Sämtliche Mitarbeiter sollten zu diesem Zeitpunkt bereits allgemein über das Intranet-Projekt und die Durchführung der Pilotprojekte informiert sein. Nun geht es darum, einen einheitlichen Informationsstand im Unternehmen und Akzeptanz für das Netzmedium zu schaffen. Nicht alle Mitarbeiter konnten bei der Entwicklung des Intranets direkt gehört und einbezogen werden. Ziel der Mitarbeiterinformation ist es daher, nicht nur notwendiges Wissen über das Intranet zu verbreiten, sondern auch durch eine vertrauensvolle Informationspolitik nachhaltige Beziehungsarbeit im Unternehmen zu leisten. Die Herausforderung der internen Information besteht im Herausarbeiten des konkreten Intranet-Nutzens für die Mitarbeiter und der Verwendung einer zielgruppengerechten Sprache. Klar werden sollte: Das Intranet ist kein bloßes Verlautbarungsmedium der Geschäftsleitung, sondern die zentrale Plattform für die Mitarbeiter, um sich auszutauschen, Informationen zu erhalten und Arbeitsprozesse zu gestalten.

Häufig wird in der Praxis die Chance verspielt, den Mitarbeitern zu verdeutlichen, dass gerade das Intranet ein Medium *für* die Mitarbeiter ist und die Kommunikationskultur gestärkt werden soll. Zentral ist in dieser Phase, die „Herzen" der Mitarbeiter zu gewinnen, einen gemeinsamen „Spirit" zu verbreiten und weniger, Hochglanzbroschüren mit technischen Details zu verbreiten. Nur dann werden sie sich aktiv am Dialog im Intranet beteiligen und das neue Medium zur Bewältigung ihrer Aufgaben einsetzen. In der Informationsphase ist der eingesetzte Medien-Mix genau festzulegen. Hierbei kann man sich an den Erfahrungen im Rahmen der Pilotphase orientieren. Zu klären sind aber insbesondere folgende Punkte:

- **Informationsziele:** Welche konkreten Informationsziele zur Einführung des Intranets sollen erreicht werden, zum Beispiel neben sachlichen auch emotionale und Imageziele? Welche Veränderungen werden bei den Mitarbeitern angestrebt, beispielsweise besserer Kenntnisstand, positive Einstellung zum Intranet oder Nutzung des neuen Mediums?
- **Zielgruppen:** Welche unternehmensinternen Zielgruppen sollen überhaupt mit den Informationsmaßnahmen erreicht werden? Welches thematische Interesse in Bezug auf das Intranet haben die Zielgruppen? Gibt es Stakeholder des Unternehmens, die informiert werden müssen?
- **Aussagen und Kernbotschaften:** Welchen Nutzen bietet das Intranet den Zielgruppen? Welche zentralen Aussagen zur Intranet-Einführung lassen sich daraus ableiten? Welche Kernbotschaften sollen überhaupt verbreitet werden, welche Aussagen sind zu vermeiden? Welche Tonalität der Aussagen gibt es? Ist der Tenor der Ansprache sachlich oder emotional geprägt? Welche Sichtweise wird gewählt, zum Beispiel die der Intranet-Nutzer oder jene der Geschäftsleitung?
- **Medien-Mix:** Welche internen Medien zur Information der Mitarbeiter sollen genutzt werden?
- **Erfolgskontrolle:** Wie wird der Erfolg und die Wirkung der Informationsmaßnahmen kontinuierlich gemessen und kontrolliert?

Die Mitarbeiter sollten insgesamt als „interne Kunden" des Intranets angesprochen und zum Start des neuen Mediums angemessen informiert werden. Die Ansprache kann durch die bereits in der Pilotphase beschriebenen Maßnahmen, insbesondere Informationsbroschüren und Flyer geschehen, in denen alles Wissenswerte auf anschauliche und ansprechenden Weise dargestellt ist. Bei der Ansprache sollte berücksichtigt werden, dass sich die Mitarbeiter emotional angesprochen fühlen. Technische Details und ausufernde Beschreibungen sollten vermieden werden. Wichtig dagegen sind Nennung und Danksagung der an der Entwicklung und Gestaltung beteiligten Mitarbeiter. Insbesondere die informellen Veränderungsbegleiter – die Promotoren – spielen auch weiterhin eine zentrale Rolle bei der Schaffung von Akzeptanz und Motivation. Rundschreiben und Rundmails können ebenfalls eine hohe Mitarbeiteranzahl in kurzer Zeit erreichen. Auch hier sollte der Fokus eher auf der werblichen Darstellungsweise und dem Nutzungsvorteil für den einzelnen Mitarbeiter liegen. Denn nur wenn die Mitarbeiter einen eindeutigen Gewinn erkennen, werden sie das Intranet auch als Medium nutzen. Bewusst sollten auch Maßnahmen der per-

sönlichen Information in Präsenzsituationen genutzt werden, um die Mitarbeiter
auf der persönlichen Beziehungsebene zu erreichen.
Bedingungen für ein erfolgreiches Konzept der Mitarbeiterinformation sind:

- **Glaubwürdigkeit und Vertrauen:** Die angesprochenen Zielgruppen müssen dem Kommunikator, das heißt, der Kommunikationsabteilung vertrauen und Respekt vor der thematischen Kompetenz haben. Die Glaubwürdigkeit entscheidet, ob die Mitarbeiter sich überhaupt einer Botschaft zuwenden.
- **Kontext:** Erfolgreiche Mitarbeiterinformation muss sich in den Kontext aller Maßnahmen einfügen. Dieser sollte die Botschaft verstärken und ihr nicht widersprechen.
- **Inhalt:** Die Botschaft zum Intranet muss für die Zielgruppen einen Nutzen und eine Bedeutung beinhalten. Sie muss mit dem Wertesystem der Mitarbeiter und des Unternehmens kompatibel sein.
- **Klarheit:** Die Botschaften müssen einfach und klar formuliert sein. Die gewählten Worte sollten für die Empfänger die selbe Bedeutung haben wie für die Absender. Gerade komplizierte technische Details des Intranets müssen auf einfache Aussagen reduziert werden. Je weiter eine Botschaft verbreitet wird, desto verständlicher und klarer muss sie sein. Alle Projektbeteiligten und die Geschäftsleitung müssen mit einer Stimme sprechen, sonst entsteht bei den Mitarbeitern ein Gefühl der Verwirrung und die Maßnahmen bleiben wirkungslos.
- **Kontinuität:** Um eine Wirkung bei den Mitarbeitern zu erzielen, bedarf es mehrerer Informationskontakte. Botschaften sollten daher wiederholt werden, allerdings ist darauf zu achten, dass Maßnahmen zwar variiert werden, aber die Aussagen gleich bleiben.
- **Informationskanäle:** Bestehende Kanäle zur Verbreitung der Botschaften, etwa die Mitarbeiterzeitschrift, Rundschreiben oder das Schwarzer Brett sollten zuerst genutzt werden, da Mitarbeiter sie kennen. Das Intranet selbst sollte bewusst auch als mächtiges Informationsmedium im Unternehmen positioniert werden.

Tipps

- Weniger ist mehr: Botschaften, Themen und Textmengen sollten bewusst reduziert werden, Zielgruppen sind genau auszuwählen.
- Die Kernbotschaften sind festzulegen, Schwerpunkte sind zu setzen und sollten intensiv im Unternehmen verbreitet werden.
- Gezielte Ansprache von Personenkreisen und internen Stakeholdern: Interne Anspruchsgruppen, formelle und informelle Meinungsführer, Multiplikatoren sind zu identifizieren.
- Cross-Media-Information: Mehrere Medien sind einzusetzen, um wirkungsvoll Botschaften zu verbreiten. Präsenzmaßnahmen sind zur Beziehungspflege gezielt einzusetzen.
- Ein positives Image des Intranets ist zu vermitteln. Ein Eindruck, das Intranet sei „schwierig", „kompliziert", „weltfremd" ist zu vermeiden. Vielmehr sollte das neue Medium zum Beispiel als „zukunftsorientiert", „lebendig" und „spannend" dargestellt werden.

Stufe 3: Die Kommunikation

Wie in der Pilotphase sollte auch bei der flächenweiten Einführung des Intranets eine intensive Kommunikation mit den Mitarbeitern entstehen. Sie sollen merken, dass ihre Meinung gefragt ist und berücksichtigt wird, sowohl in der vermittelten Kommunikation mit Hilfe des Intranets oder anderer Medien, etwa in Diskussionsforen, als auch in der direkten Face-to-face-Kommunikation mit Vorgesetzten, Kollegen oder Promotoren. In Unternehmen lassen sich unterschiedliche Kommunikationsarenen bei der Einführung des Intranets nutzen:

- **Individualkommunikation:** Die Einführung des Intranets kann in persönlichen Gesprächen zwischen Vorgesetzten und Führungskräften erläutert werden, insbesondere im Fall, wenn sich Aufgaben durch das Intranet verändern oder neue Aufgaben, wie die inhaltliche Pflege des Intranets, hinzukommen. Über die reine Vermittlung von Informationen hinaus können Vertrauen und Glaubwürdigkeit für das neue Medium unmittelbar aufgebaut werden. Das Informations- und Kommunikationsbemühen des Vorgesetzten, dessen Bereitschaft, für Gespräche und Nachfragen zur Verfügung zu stehen, prägen nachhaltig den Erfolg sämtlicher Maßnahmen der Mitarbeiterkommunikation.

• **Kommunikation in Teams/Arbeitsgruppen:** Teammeetings und Arbeitsbesprechungen können genutzt werden, um über die Einführung des Intranets zu diskutieren. Der Leiter des Intranet-Projekts oder andere Verantwortliche des Projekts oder der internen Kommunikation können gezielt zu Besprechungen eingeladen werden, um direkt mit Mitarbeitern und Arbeitsteams über das Intranet zu sprechen. Denkbar sind auch spezielle, themenzentrierte Veranstaltungen zum Intranet.

• **Kommunikation in Großgruppen:** In Großgruppen können viele Mitarbeiter gleichzeitig angesprochen werden. Üblicherweise wird die Geschäftsleitung über das Intranet-Projekt berichten und Feedback-Möglichkeiten für die Mitarbeiter einräumen. Die Kommunikation in Großgruppen kann insbesondere unterschiedliche Interessen im Unternehmen integrieren und die Vision des Projekts sowie Werte und Normen vorstellen. Konkrete Aufgaben der Mitarbeiter hinsichtlich des Intranets stehen dagegen nicht im Mittelpunkt.

Die Einführung des Intranets und der Beginn der eigentlichen Betriebsphase ist im Unternehmen breit zu kommunizieren. Hierbei stehen vielfältige Kommunikationsmedien zur Verfügung, die bewusst ausgewählt und deren Leistungen bei der Vermittlung von Botschaften ausgespielt werden sollten. Gerade in Veränderungsprozessen sollte im Medien-Mix der Schwerpunkt auf der Zweiweg-Kommunikation liegen. Einseitige Mitteilungen an die Mitarbeiter sind notwendig, um die Mitarbeiter über das Projekt zu informieren. Aber erst Gespräche der Mitarbeiter mit ihren Führungskräften, dem Projektteam oder der Geschäftsleitung können nachhaltig Akzeptanz schaffen und Veränderungen bewirken. Insbesondere Führungskräfte sollten gezielt darauf vorbereitet werden und sich dem Diskussionsbedarf stellen. Abbildung 15 verdeutlicht exemplarisch das Spektrum der zur Verfügung stehenden, etablierten und speziellen Kommunikationsmedien.

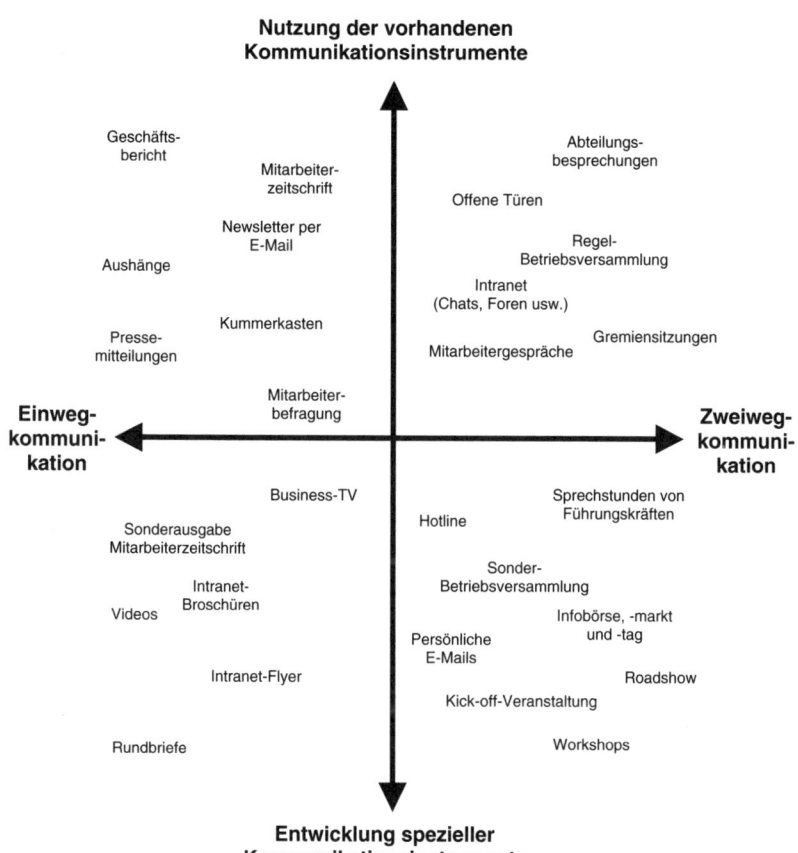

Abbildung 15: Kommunikationsmedien in Unternehmen

Neben den klassischen Instrumenten der Mitarbeiterkommunikation können auch speziell auf das Intranet zugeschnittene Maßnahmen und Sonderaktionen genutzt werden, um die Einführung des Intranets zu kommunizieren. Denkbar sind beispielsweise:

Identifikationsmaßnahmen für das Intranet
Nicht nur ein Projektname, Logo, Symbol, Poster, Flyer, Film oder ein Slogan/Claim können das Intranet repräsentieren, sondern auch eine spezielle Identifikationsfigur, die für das neue Medium geschaffen wird. Sie sollte sympathisch wirken, über längere Zeit das Projekt begleiten, kontinuierlich immer wieder in den Kommunikationsmaßnahmen erscheinen und eine positive emotionale Verbundenheit herstellen. Geeignet ist die Sympathiefigur auch für die Startseite des neuen Intranets. Nachdem eine passende Figur entworfen wurde, können auch die Mitarbeiter im Rahmen einer Aktion an der Namensfindung beteiligt werden. So entsteht bei den Mitarbeitern ein Beteiligungsgefühl, das die Identifikation erleichtert.

Quiz und Fragespiele zum Intranet
In Anlehnung an gängige Formate in Zeitschriften und anderen Medien können Quiz und Fragespiele zum Thema Intranet organisiert werden. Durch die offenen Fragen kann das Interesse an dem neuen Medium geweckt und der Austausch der Mitarbeiter gestärkt werden. Insbesondere die konkreten Vorteile für die Mitarbeiter sollten im Mittelpunkt stehen. Die Vorteile für das Unternehmen sollten dagegen nur marginal dargestellt werden, da diese für den einzelnen Mitarbeiter meist emotional zu weit entfernt sind. Selbstverständlich sollte es möglichst attraktive Preise zu gewinnen geben, damit die Teilnahme hoch ist.

Intranet-Wettbewerb
Wettbewerbe motivieren die Mitarbeiter, sich mit dem Intranet auseinander zu setzen. Prämiert werden können beispielsweise die besten und originellsten Beiträge von Mitarbeitern im Intranet. Eine Jury kann die Einreichungen prüfen und im Rahmen einer Veranstaltung kann ein Preis überreicht werden. Dies bietet wiederum die Möglichkeit, redaktionell im Intranet oder in der Mitarbeiterzeitschrift zu berichten.

„Intranet-Spezial-Menü" in der Kantine
Auch in der Kantine kann das Thema Intranet aufgegriffen werden. Ein Gericht mit einem humorvollen thematischen Namen macht das neue Thema Intranet zum Pausen- und Flurgespräch.

Intranet-Countdown
Je näher der Starttermin des Intranets rückt, desto spannender und dichter sollten die Bewerbungsaktivitäten sein. Spiele, bei denen man zum Beispiel die letzten zehn Tage vor dem Start täglich ein Wort oder eine Nummer herausfin-

den muss, um zum Intranet-Start eine bestimmte Lösung zu haben, halten die Mitarbeiter am Ball. Allerdings nur, wenn es, wie schon erwähnt, auch attraktive Preise zu gewinnen gibt.

Story-Telling

Menschen mögen Geschichten. Neben den Promotoren sollte es genügend Menschen im Unternehmen geben, die spannende und positive Geschichten über die Einführung und die Nutzung des Intranets erzählen. Diese positiven Geschichten, die man bei der Kaffeepause oder auf dem Flur hört, haben erfahrungsgemäß eine wesentlich höhere Wirkung als das geschriebene Wort. Die Teams und Mitarbeiter sind gezielt anzusprechen, welche Geschichten sie erzählen können, die sich verbal auf „die Reise" durch das Unternehmen schicken lassen.

Offizieller Startschuss des Intranets

Der Inszenierung gezielter Events zum Start des Intranets kommt bei der Diskussion des neuen Mediums eine zentrale Bedeutung zu. Der offizielle Starttermin des Intranets sollte im Unternehmen genutzt werden, um ein dem Anlass angemessenes Event zu veranstalten, das noch lange nach diesem Tag als Geschichte durch das Unternehmen zieht. Die Mitarbeiter müssen erleben, dass etwas Besonderes passiert ist und sie mit dem Intranet ein neues Instrument für ihre Kommunikation und Arbeit hinzu gewonnen haben. Die Events können wiederum zur Berichterstattung genutzt werden. Die Mitarbeiter sollten den offiziellen Starttermin als einen besonderen Tag erleben. Sie müssen gespannt darauf sein, das Intranet am ersten Tag zu nutzen, zum Beispiel, weil es einen Live-Chat mit der Geschäftleitung gibt oder die ersten 50 virtuellen Besucher ein kleines Präsent, etwa einen Intranet-Pin, erhalten.

Intranet-Messen und Intranet-Börsen

Auf unternehmensinternen Messen und Börsen können sich die einzelnen Bereiche und Abteilungen vorstellen und ihre Ideen und Angebote auch vor Ort präsentieren. Die Mitarbeiter können sich hierbei austauschen und es lässt sich auch ein Gemeinsamkeitsgefühl unter den Intranet-Beteiligten durch die Veranstaltung vermitteln. Neue Ideen und Best-Practise-Beispiele lassen sich diskutieren und die Kreativität und das Engagement der Mitarbeiter kann angeregt werden.

Intranet-Jubiläen und Intranet-Feierlichkeiten

Jubiläen sind ein guter Anlass, um das Intranet zu feiern und somit in den Mittelpunkt des Interesses zu rücken. Gefeiert werden können zum Beispiel die ersten hundert Tage oder das jährliche Jubiläum. Das Engagement der Mitarbeiter kann genutzt werden, um sich am geplanten Event zu beteiligen. Dargestellt werden kann insbesondere die Entwicklung der Intranet-Seiten und die ersten persönlichen Erfahrungen der Mitarbeiter. Betont werden sollte, dass das Jubiläum nur durch die rege Intranet-Nutzung der Mitarbeiter zustande kommen konnte. Neben Jubiläen können auch Get-Together-Events durchgeführt werden, um das neue Medium positiv ins Gespräch zu bringen. An diesen Festen können auch Projektteams, Arbeitsgruppen, Promotoren und engagierte Mitarbeiter prämiert, anerkannt und gewürdigt werden. Dies schafft ein positives Klima, weckt Interesse und lädt auch „Zweifelnde" und „Ewig-Nörgler" zum Umdenken ein.

Erfahrungsaustausch mit anderen Unternehmen

Zur Einführung des Intranets können auch gezielt Kollegen aus anderen Unternehmen eingeladen werden, um über ihre Erfahrungen in vergleichbaren Situationen zu sprechen. Der Bericht von positiven Erfahrungen mit dem Intranet und möglicherweise anfänglichen Bedenken und Problemen kann Mitarbeitern die Berührungsängste mit dem neuen Medium nehmen. Erfolgsgeschichten von Mitarbeitern anderer Unternehmen wird oft eine höhere Glaubwürdigkeit eingeräumt als entsprechenden Statements vom eigenen Management.

Um die Einführung des Intranets erfolgreich im Unternehmen zu kommunizieren, kommt es auf folgende Faktoren an:

- **Dialog:** Anstelle von Konfrontation ist ein dialogischer Kommunikationsstil mit den Mitarbeitern anzustreben, um sie vom Nutzen des Intranets zu überzeugen.
- **Win-Win-Strategie:** Nicht nur die Vorteile für das Unternehmen sollten kommuniziert werden, sondern auch der konkrete Nutzen für den einzelnen Mitarbeiter.
- **Akzeptanz durch Erfolg:** Konkrete Leistungen, Erfolge und Verbesserungen des Intranets sind regelmäßig zu kommunizieren. Erfolgsgeschichten veranschaulichen den Fortschritt des Intranets und können als Vorbilder wirken.
- **Konfliktfähigkeit:** In Diskussionen sind Konflikte nicht zu ignorieren, sondern die Ängste und Vorbehalte der Mitarbeiter sind zu berücksichtigen.

- **Integrierte Kommunikation:** Unterschiedliche und widersprüchliche Aussagen sind zu vermeiden und Kommunikationsmaßnahmen sind abzustimmen und einheitlich zu gestalten.

Tipps

- Die Initiative zur Mitarbeiterkommunikation sollte von der Geschäftsleitung ausgehen.
- Kommunikation frühzeitig starten, besser aktiv als reaktiv sowie kooperativ als direktiv.
- Nicht alle Botschaften auf einmal vermitteln, sondern das, was für die Mitarbeiter in ihrer Situation wirklich wichtig ist.
- Die Mitarbeiter als interne Kunden verstehen und den individuellen Nutzen des Intranets in den Mittelpunkt stellen.
- Kommunikation in größeren Gruppen auf zwei bis drei Kernbotschaften beschränken.
- Den persönlichen Bezug herstellen und die Mitarbeiterbedürfnisse ernst nehmen: Was bedeutet die Einführung des Intranets für die einzelnen Mitarbeiter?
- Eindeutig, klar, überzeugend und glaubwürdig kommunizieren. Kommunikation im Zweifel (internen) Profis überlassen.
- Botschaften über verschiedene Kanäle wiederholen. Bewusst auch die persönliche Präsenzkommunikation zur Beziehungspflege einsetzen.

Stufe 4: Das Training

Das Intranet lässt sich zur Mitarbeiterkommunikation erst dann sinnvoll einsetzen, wenn die Mitarbeiter die Inhalte wahrnehmen und in der Lage sind, die Informationen zu verstehen und zu verarbeiten. Die Frage, welche Fähigkeiten und Kompetenzen die Mitarbeiter zur Intranet-Nutzung benötigen, wird in der Praxis unterschiedlich beantwortet. Häufig wird die Ansicht vertreten, dass außer Grundkenntnissen in der Bedienung eines PCs keine weiteren Fähigkeiten notwendig sind. Gefordert sind aber auch kommunikative und mediale Kompetenzen, da das Intranet im Unternehmen den Austausch und die Kommunikation unter den Mitarbeitern fördert. Wichtig ist zu wissen, in welchen Kommunikationssituationen das Intranet sinnvoll eingesetzt wird und wie Informationen adäquat vermittelt werden. Den Kommunikations-Mix der Medien im Unter-

nehmen optimal zu nutzen und die Medienleistungen zu kennen und auszu-
schöpfen, ist eine zentrale Anforderung an die Kompetenz der Mitarbeiter. Die
kommunikative Kompetenz wird in Unternehmen immer wichtiger, auch unabhängig vom Intranet. Die Dimensionen der medialen, kommunikativen und
sozialen Kompetenz sind vielfältig. Nachfolgend ist in Abbildung 16 ein beispielhafter Katalog aufgeführt.

Mediale Kompetenzen

- Handhabung des Intranets
- Kompetenz zur Intranet-Nutzung: Aufnahme, Verstehen, Verarbeitung, Einschät-
  zung und Mitteilung von Intranet-Inhalten
- Effektiver, effizienter Intranet-Einsatz im Unternehmen
- Kenntnisse der Medieneigenschaften, Medienleistungen und Medienwirkungen
  des Intranets

Kommunikative Kompetenzen

- Wahrnehmung und Kenntnis von Sprache
- Fähigkeit zur Informationshandhabung, Aussagenformulierung, Mitteilung
- Verständliche Kommunikation (z. B. Sachlichkeit, Überzeugungskraft, Einfühlsam-
  keit)
- Redequalifikationen, Rhetorik

Soziale Kompetenzen

- Fähigkeit zur sozialen Empathie
- Aktives Zuhören
- Persönliches Wollen (z. B. Aktivität, Kontaktbereitschaft)
- Fähigkeit, unterschiedliche Rollen zu übernehmen, Dialogfähigkeit
- Gesprächs- und Diskussionsführung
- Kritikfähigkeit und Feedback
- Fertigkeiten in der Metakommunikation
- Konfliktfähigkeit
- Sensibilität für soziale Prozesse

Abbildung 16: Dimensionen medialer, kommunikativer, sozialer Kompetenz

Für das Training der Mitarbeiter sollte ein Schulungsplan entwickelt werden, der
Schulungsthemen und Lernziele genau spezifiziert. Je nach Kenntnisstand und
Qualifikation der zu schulenden Mitarbeiter kann der Katalog auf die individuel-
len Lernbedürfnisse angepasst werden. Ein beispielhafter Lernzielkatalog ist in
Abbildung 17 aufgeführt.

I.	Grundlagen des Intranets	Die Teilnehmenden haben ein für die Benutzung grundlegendes Verständnis des Intranets. Sie lernen die Bedeutung von Information und Kommunikation im Unternehmen kennen und können den konkreten Nutzen des neuen Mediums für ihren Arbeitsbereich einschätzen.
II.	Zugang zum Intranet	Die Teilnehmenden wissen, unter welchen hard- und softwaretechnischen Voraussetzungen und wie ein Zugang zum Intranet im Unternehmen hergestellt werden kann.
III.	Browser	Die Teilnehmenden kennen Aufgabe und Funktion eines Browsers und können mit ihm umgehen.
IV.	Suche	Die Teilnehmenden können Informationen im Intranet zielgerichtet suchen und finden.
V.	Kommunikation im Intranet	Die Teilnehmenden erhalten einen Überblick über verschiedene Möglichkeiten der Kommunikation im Intranet und können E-Mail-Funktionen nutzen.
VI.	Information im Intranet	Die Teilnehmenden lernen anhand ausgewählter Beispiele im Intranet präsentierte Informationsangebote kennen. Sie erfahren, welche Inhalte sie selbst bereitstellen können und wie dies möglich ist.
VII.	Arbeiten mit dem Intranet	Die Teilnehmenden lernen Arbeitsprozesse mit Hilfe des Intranets auszuführen.
VIII.	Sicherheit	Die Teilnehmenden kennen wichtige Sicherheitsaspekte des digitalen Mediums Intranet.

Abbildung 17: Lernziele Intranet-Kurs

Zu entscheiden ist, ob alle Mitarbeiter und welche Mitarbeiter geschult werden. Geklärt werden sollte auch, ob externe Trainer die Mitarbeiter schulen. Denkbar ist auch, gezielt ausgewählte Mitarbeiter zu qualifizieren, die als Multiplikatoren ihre Kollegen im Rahmen des informellen Lernens trainieren. Die Länge und Art der Schulung kann je nach Umfang und inhaltliche Ausgestaltung des Intranets variieren. Eine ganztägige Schulung kann in manchen Unternehmen notwendig sein, in anderen Unternehmen reicht eine kurze Einführung durch einen Promotor. Doch auch in der Betriebsphase geht es weniger um das Erlernen der technischen Nutzung als um eine grundsätzliche Entwicklung einer Medienkompetenz der Mitarbeiter zum sinnvollen Umgang mit dem Intranet im Arbeitsumfeld.

Tipps

- Klären Sie vor Beginn der Trainingsmaßnahmen die konkreten Lernziele und wie der Erfolg der Schulungen gemessen werden kann. Beziehen Sie bereits in der Vorbereitung von Trainings die Mitarbeiter ein, indem Sie Erwartungen und die individuellen Lernziele feststellen.
- Stellen Sie sicher, dass die Trainer nicht nur über die nötige Sachkompetenz, sondern auch über didaktische und Methodenkompetenz sowie Schulungserfahrung verfügen. Achten Sie bei der Auswahl von externen Trainern darauf, dass diese zu den Werten, Normen und Zielen des Unternehmens passen.
- Entwickeln Sie spezielle Vermittlungskonzepte für intranetferne Zielgruppen, die das neue Medium nur wenig oder überhaupt nicht nutzen, beispielsweise ältere oder schlecht ausgebildete Mitarbeiter.
- Vermitteln Sie in Intranet-Kursen nicht nur Fakten und Wissen, sondern nutzen Sie die Gelegenheit, um Akzeptanz für das Intranet herzustellen und die Mitarbeiter zur Nutzung des neuen Mediums zu motivieren.

Stufe 5: Die Nutzung und Mitgestaltung

Die konkrete Nutzung der Intranet-Angebote und die Möglichkeiten zur Mitgestaltung sind in der Betriebsphase von zentraler Bedeutung für den Erfolg und die breite Akzeptanz des Intranets und der veränderten Mitarbeiterkommunikation im Unternehmen. Die Mitarbeiter müssen die Gelegenheit erhalten, nicht nur das neue Medium zu nutzen, sondern auch Erfahrungen und Verbesserungsmöglichkeiten zu äußern und Einfluss auf die Intranet-Gestaltung zu nehmen.

Mitarbeiter können sich beispielsweise an unabhängig vom Intranet-Projekt bereits etablierten Qualitätsmanagementprozessen, kontinuierlichen Verbesserungsprozessen oder Feedback-Regelkreisen beteiligen. Daneben lassen sich aber auch spezielle, auf das Intranet bezogene Mitgestaltungsprozesse etablieren

In der Phase der Mitgestaltung sollte nicht einfach auf das Feedback der Mitarbeiter gewartet werden, sondern festgelegt werden, wie Berichtswege verlaufen und welche Maßnahmen zur Mitgestaltung, insbesondere auch Befragungen zum Intranet geplant sind. Die Mitarbeiter empfinden die Mitgestaltung oft als Mehrarbeit und sie müssen für diese Aufgabe gewonnen und motiviert werden. Vor allem sollte die Mitarbeit wertgeschätzt und von den Führungskräften sowie dem Lenkungsteam und der Unternehmensleitung begrüßt werden.

Die Mitarbeiter können aktiv in die Gestaltung des Intranets eingebunden werden, indem beispielsweise Abteilungen und Teams regelmäßig Erfahrungsberichte an die Verantwortlichen für das Intranet abgeben. Regelmäßig können Führungskräfte in Teambesprechungen die Entwicklung des Intranets und die Umsetzung neuer Aufgaben der Information und Kommunikation thematisieren. Zudem können gezielte Anreize gesetzt werden, damit die Mitarbeiter ihre Erfahrungen mit dem Intranet mitteilen und ihr Wissen bereitstellen. Insgesamt sollten die Mitarbeiter nicht nur von der Intranet-Entwicklung betroffen, sondern auch daran beteiligt werden.

Die Spielregeln der Mitgestaltung sollten den Mitarbeitern allerdings klar sein. Das Grundkonzept des Intranets lässt sich zum Zeitpunkt des Regelbetriebs kaum noch ändern. Anregungen zur Usability, zu Art und Umfang der Inhalte, den publizierten Themen und Kommunikationsangeboten sind dagegen für die Optimierung des Intranets sehr sinnvoll und können zur besseren Erfüllung der Mitarbeiterbedürfnisse beitragen.

Tipps

- Fordern Sie aktiv von den Mitarbeitern Feedback zur Intranet-Entwicklung ein. Definieren Sie Feedback-Prozesse und klären Sie, welche Verantwortlichkeiten und Zuständigkeiten bestehen.
- Machen Sie den Mitarbeitern den Mehrwert der Teilnahme an Feedback-Prozessen klar.
- Nehmen Sie Verbesserungsvorschläge der Mitarbeiter ernst. Beantworten Sie jeden Vorschlag und jede Idee, auch wenn im Tagesgeschäft nicht immer Zeit dafür besteht. Das Engagement der Mitarbeiter muss gewürdigt werden.

3.5 Nachhaltigkeitsphase

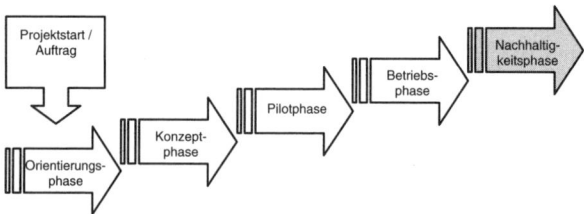

Der Nachhaltigkeitsphase wird in vielen Intranet-Projekten zu wenig Aufmerksamkeit geschenkt. Die Beteiligten des Projekts „Intranet" sind in der Abschlussphase häufig froh, das Projekt endlich erfolgreich beendet zu haben. Der erste Schwung bei den Mitarbeitern und der erste Enthusiasmus bei der Geschäftsleitung kann aber schnell verfliegen, wenn nicht kontinuierlich an der Weiterentwicklung des Intranets gearbeitet wird.

Die Nutzung der Intranet-Plattform durchläuft mit zunehmender Zeit auch bestimmte Lebenszyklen. Nach der Einführung tritt in der Regel eine Phase des Wachstums, anschließend eine Reife- und Sättigungsphase mit abnehmenden Nutzungszahlen ein. In der Praxis wird häufig auch die Akzeptanz des Intranets im Unternehmen falsch eingeschätzt. Der erwartete Verlauf wird meist optimistischer eingeschätzt als der tatsächliche, wie Abbildung 18 verdeutlicht. Um dieser Entwicklung entgegenzuwirken und die Lücke zwischen erwarteter und tatsächlicher Nutzung zu schließen, sollten gezielte Kommunikationsmaßnahmen in den einzelnen Phasen ergriffen und das Intranet auch im Laufe der Zeit überarbeitet, sprich ein „Relaunch" gestartet werden.

Analog regelmäßiger Wartungsarbeiten bei Maschinen, müssen auch bei Intranet-Veränderungsprojekten Regelkreise geschaffen werden, die den Dauerbetrieb nach der ersten erfolgreichen Einführung auf einem positiven Niveau halten oder diesen sogar noch verbessern. Hierbei kann auf den Erfahrungen des Projektteams und den Ergebnissen des bisherigen Projektverlaufs aufgebaut werden. Folgende Leitfragen sind in der Nachhaltigkeitsphase zu stellen und zu beantworten:

- Welcher offizielle Zeitpunkt wird für die Beendigung des Projekts „Einführung eines Intranets" gewählt? Wie und mit wem soll der Abschluss des Projekts gebührend gefeiert werden?
- Wie kann der Projekterfolg für das Unternehmen und alle Mitarbeiter klar kommuniziert und visualisiert werden?

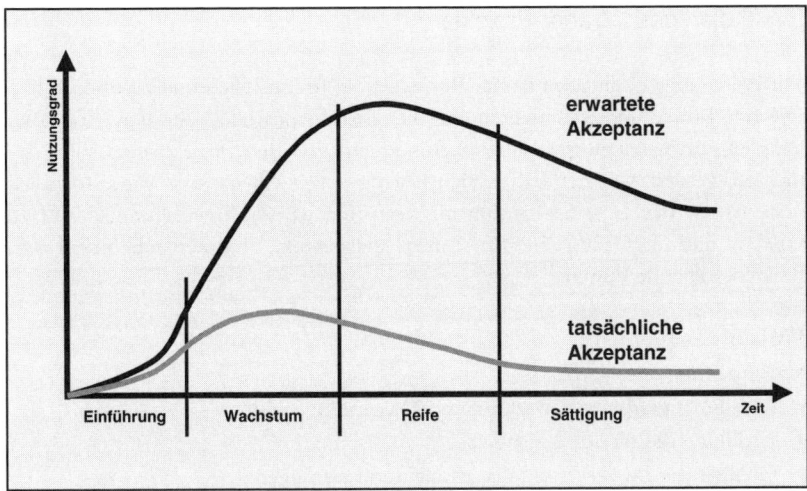

Abbildung 18: Lebenszyklus Intranet-Nutzung

- Welche Form wird gewählt, um die Erfahrungen und „Lessons learned" aller Projektbeteiligten festzustellen?
- Wie wird die Auswertung von Verbesserungsmöglichkeiten festgehalten und für andere Personen später nutzbar bereitgestellt?
- Wer kann mit welchem Zeitkontingent für das Management der Verbesserungsprozesse, zum Beispiel in kontinuierlichen Verbesserungsprozessen und Feedback-Regelkreisen, eingesetzt werden?
- Welche Methoden werden gewählt, um zukünftig Impulse für die Weiterentwicklung des Intranets zu setzen, beispielsweise durch eine „Zukunftswerkstatt" oder andere Konferenzmethoden?

Der Verlauf des Intranet-Projekts ist grundsätzlich zu evaluieren und es sind Instrumente für das Qualitätsmanagement sowie Strategien zur Verankerung des Intranets im Unternehmen zu entwickeln.

Evaluation des Intranet-Projekts

Mit Hilfe einer Evaluation ist der Projekterfolg festzustellen und zu überprüfen. Die Ergebnisse sind festzuhalten und die „Lessons learned" sind den Projektbeteiligten zur Verfügung zu stellen. Ausgehend von den Projektzielen sollte gemessen werden, welcher Erfolg sich bislang eingestellt hat und wie erfolgreich der Prozess der Intranet-Einführung verlaufen ist. Zielabweichungen sind zu erheben und die Gründe hierfür sind zu analysieren. Zu untersuchen sind zum Beispiel folgende Punkte:

Projektmanagement:
• Einhaltung des Zeitplans
• Ressourcenverbrauch, Budget- und Kostenentwicklung
• Erfüllung definierter Aufgaben
• Qualität der Prozesse und der erbrachten Leistungen
• Umfang und Qualität der Dokumentation
• Eintritt unvorhergesehener Ereignisse

Intranet-Nutzung:
• Quantitative und qualitative Nutzung des Intranets
• Umfang und Qualität der Inhalte
• Beteiligung der Mitarbeiter
• Zufriedenheit und Identifikation der Mitarbeiter mit den Intranet-Angeboten
• Bereitgestellte Inhalte und Wissen der Mitarbeiter
• Akzeptanz des Intranets
• Veränderung von unternehmensinternen Informations-, Kommunikations- und Arbeitsprozessen

Qualitätsmanagement-Instrumente

Um die Qualität des Intranets steuern zu können, sind Instrumente zur Qualitätserhaltung und zur kontinuierlichen Qualitätsverbesserung zu entwickeln. Zum einen geht es um Instrumente, welche die Qualität der Intranet-Inhalte messen, zum Beispiel mit Hilfe von Indikatoren wie Aktualität, Relevanz und Verständlichkeit der Inhalte; zum anderen um Instrumente, welche die Qualität der Prozesse der Mitarbeiterkommunikation und des Wissensmanagements erheben, etwa mittels Indikatoren wie Häufigkeit und Akzeptanz von Kommunikationsmaßnahmen, Dauer von Kommunikationsmaßnahmen oder Umfang des im Intranet bereitgestellten Wissens der Mitarbeiter. Eventuell bestehen bereits Qualitätsmanagementsysteme im Unternehmen, etwa nach DIN ISO 9000:2000ff. oder nach dem EFQM-Modell, die gezielt ausgebaut werden können.

Strategien zur Verankerung des Intranets

In der Nachhaltigkeitsphase sollen die Mitarbeiter nicht nur das Intranet nutzen, sondern dieses mittelfristig sinnvoll in ihren Arbeitsalltag integrieren. Die Inhalte müssen aktuell und attraktiv gehalten werden und die Mitarbeiter müssen das neue Medium als ihr eigenes Kommunikations- und Arbeitsinstrument akzeptieren. Neben formalen Maßnahmen, etwa die Verankerung intranetbezogener Aufgaben in Stellenbeschreibungen, sind auch zukünftige inhaltliche Entwicklungspfade, zum Beispiel Ausbau des Intranets zur zentralen Wissensplattform des Unternehmens, zu beschreiben.

Ein zentraler Faktor hierbei ist die Motivation der Mitarbeiter. Es sollten verstärkt Anreize gefunden werden, um die Mitarbeiter zu bewegen, sich aktiv an der Mitarbeiterkommunikation und dem Wissensmanagement über das Intranet zu beteiligen und sich weiterhin aktiv für die Verbesserung und Optimierung des neuen Mediums zu engagieren. In der Praxis bewährte Möglichkeiten sind:

- Veröffentlichung von Artikeln zum Intranet in Printmedien des Unternehmens, etwa der Mitarbeiterzeitschrift, um auch die „Nicht-User" des Intranets zu erreichen und zur Nutzung zu motivieren.
- Erstellen von Personality-Stories, welche die Erfahrungen einzelner Mitarbeiter mit dem Intranet beschreiben und die Möglichkeit zur Identifikation bieten.
- Einfache Feedback-Möglichkeiten im Intranet zur Einbringung neuer Ideen und zur Beteiligung an kontinuierlichen Verbesserungsprozessen.
- Anpassung des Intranets aufgrund von Verbesserungsvorschlägen der Mitarbeiter und deren Bekanntmachung und eventuell Prämierung.

Tipps

- Unterschätzen Sie nicht den Verlauf von Motivations- und Akzeptanzkurven während des Projekts: Mit der Einführung des Intranets sind diese anfangs steil nach oben gerichtet, häufig erfolgt dann aber ein Einbruch, weil Anreize, Kräfte, Ressourcen und Ideen ausgehen. Eine mittel- bis langfristige Projektplanung kann diesen Verlauf antizipieren und ihm entgegenwirken.
- Lernen Sie aus Fehlern und nutzen Sie die Möglichkeit, sich abzeichnende Fehlentwicklungen zu korrigieren. Etablieren Sie ein Frühwarnsystem, um Probleme rechtzeitig zu erkennen.
- Evaluieren Sie regelmäßig den Projekterfolg und die Nutzung des Intranets. Beziehen Sie bei der Weiterentwicklung des Intranets die Mitarbeiter – als interne Kunden – mit ein.
- Nichts ist so gut, als dass es nicht verbessert werden könnte: Achten Sie auf die Qualität der Prozesse und der Inhalte des Intranets.

3.6 Begleitung der Projektphasen

Um das Intranet-Projekt zum Erfolg zu führen, müssen nicht nur die einzelnen Projektphasen durchlaufen werden. Erforderlich ist auch eine professionelle Prozessbegleitung, die das Projekt auf Erfolgskurs hält. Kommunikation ist hierbei die entscheidende Schlüsselgröße, die dafür sorgt, dass alle Projektbeteiligten und -betroffenen über den Verlauf des Projekts informiert sind und sich für die Zielerreichung engagieren. In Anlehnung an den Kommunikationswissenschaftler Paul Watzlawick gilt auch für das Projektmanagement: Man kann nicht nicht kommunizieren. Die Einführung eines Intranets ist nicht nur eine technische Innovation, sondern auch ein sozialer Veränderungsprozess, der tief greifende Auswirkungen auf die Zusammenarbeit, Arbeitsprozesse und Wissensweitergabe im Unternehmen hat.

Die Begleitung der Prozessphasen umfasst zwei Dimensionen: Zum einen müssen die Handlungen der Projektbeteiligten koordiniert und gesteuert werden. Zum anderen sind die vom Intranet und damit auch von der organisatorischen Veränderungsmaßnahme betroffenen Mitarbeiter über das Projekt zu informieren. Im ersten Fall geht es daher vor allem um projektinterne, im zweiten Fall um projektexterne Information und Kommunikation.

Eine zentrale Aufgabe des Projektmanagements ist es, den Gesamtprozess der Projektarbeit im Rahmen der Projektkommunikation zu koordinieren und zu steuern. Ein Kick-off-Meeting mit allen Projektbeteiligten gleich zu Projektstart kann die Grundlagen für eine reibungslose Projektkommunikation legen. Regelmäßige Treffen und Besprechungen können dann die in der Projektplanung weiter oben beschriebenen Berichtswege ergänzen und sollten projektbegleitend durchgeführt werden. Gerade das persönliche Gespräch ist im Projekt nicht zu ersetzen, da nicht nur harte Fakten, sondern gerade auch „weiche" Informationen ausgetauscht werden können. Die Erfahrung zeigt auch, dass sich Projektkrisen fast niemals in offiziellen Berichten auf Papier niederschlagen. An den regelmäßigen Projektbesprechungen müssen die Projektteammitglieder, die das Bindeglied zu den einzelnen Fachabteilungen sind, teilnehmen und über ihren Verantwortungsbereich berichten. Aufgabe ist es insbesondere, die einzelnen Aufgabenbereiche zu koordinieren und Rückmeldungen zu diskutieren, die nicht routinemäßig über die klassischen Berichtswege eingehen. Folgende Fragestellungen sollten regelmäßig besprochen werden:

- **Projektstatus:** Welche Aufgaben und Arbeitspakete wurden bereits erledigt, welche, obwohl sie laut Plan bereits abgeschlossen sein sollten, sind noch offen?
- **Kostensituation:** Welche Kosten sind angefallen, welche Restkosten sind zu erwarten? Zeichnen sich Budgetanpassungen ab?
- **Ressourcensituation:** Stehen genügend Ressourcen zur Erledigung der Aufgaben zur Verfügung?
- **Terminsituation:** Lassen sich Meilensteine und der Projektendtermin halten?
- **Probleme:** Welche Schwierigkeiten zeichnen sich ab und welche Maßnahmen zur Gegensteuerung gibt es?
- **Planung:** Müssen Aufgaben des nächsten Arbeitsschritts oder der nächsten Projektphase überarbeitet werden?

Die festgestellten Abweichungen vom Plan sollten eingehend analysiert werden. Erst dann ist eine wirksame Projektsteuerung möglich und können Projektsondermaßnahmen zur Zielerreichung ergriffen werden.

Parallel zur projektinternen Begleitung sollten auch die vom Intranet betroffenen Mitarbeiter informiert und von der Sinnhaftigkeit des Projekts überzeugt werden. Es reicht nicht aus, dass Mitarbeiter ihren Computer bedienen können und sich im Intranet zurechtfinden. Wichtig ist die Akzeptanz des neuen Mediums. Und diese Akzeptanz entsteht nur durch die frühzeitige, auch kritische Auseinandersetzung im täglichen Arbeitsalltag mit den Angeboten und Leistungen des Intranets. Emotionen spielen beim Veränderungsmanagement eine wesentliche Rolle.

Deshalb sollte allen Mitarbeitern stets klar sein, an welchem Punkt sich die Einführung des Intranets befindet. Durch die deutliche Herausarbeitung der einzelnen Phasenschritte mit nach außen hin klarer, wirkungsvoller und symbolkräftiger Kommunikationsarbeit kann ein hohes Commitment der Beteiligten erreicht werden. Beteiligung, Akzeptanz und Bewusstseinsbildung lässt sich erst erreichen, wenn die Ausgangbasis, Zwischen- und Endzustände und die Vision des Intranets oder der Veränderung ständig sichtbar gemacht werden.

Auf dem Weg der Akzeptanz spielen nicht nur die Promotoren als direkte Ansprechpartner für die Mitarbeiter eine wichtige Rolle, sondern auch Führungskräfte, Teamleiter und das Management. Sie sind gefragt, immer wieder den Dialog mit den Mitarbeitern zu suchen und das neue Medium auch genügend zu „vermarkten" oder dafür zu werben. Die Mitarbeiter dürfen auf dem Weg der Einführung des Intranets nicht das Gefühl haben, allein gelassen zu werden. Neben den bereits weiter oben in der Umsetzungs- und Betriebsphase beschriebenen Maßnahmen der Information, Kommunikation, Schulung und Mitgestaltung sollten die Mitarbeiter während des gesamten Intranet-Projekts unterstützt und angeregt werden durch:

• Regelmäßige Information im Rahmen der etablierten Medien und Kommunikationsangebote. Hierbei sollte von Anfang an klar vermittelt werden, wie das Projekt geplant ist, welche Projektphasen es gibt und welche Rolle und Kompetenzen die einzelnen Mitarbeiter im Projektverlauf haben.

• Informations- und Diskussionsrunden mit dem Projektteam, den Führungskräften oder Mitgliedern der Geschäftsleitung. Um persönlich mit Entscheidungsträgern über das Intranet zu sprechen, können gezielt Anlässe für die Mitarbeiter geschaffen werden.

• Spezielle Maßnahmen der Begleitung von Projektphasen, zum Beispiel Bereitstellung einer Hotline für Fragen, Ängste und konkrete Problemstellungen.

Tipps

- Gewinnen Sie die Führungskräfte des Unternehmens für das Intranet-Projekt. Führungskräfte, die vom neuen Medium selbst nicht begeistert oder nicht ausreichend informiert sind, werden auch ihre Mitarbeiter nicht vom Intranet überzeugen können.
- Schaffen Sie eine Vertrauensbasis für glaubwürdige und offene Kommunikation. Mitarbeitern zuhören zu können ist dabei genau so wichtig, wie das Intranet-Projekt professionell zu präsentieren.
- Erstellen Sie einen Kommunikationsplan und legen Sie fest, wer wann mit wem mit welcher Botschaft im Unternehmen über das Intranet-Projekt spricht. Ein schlechtes Kommunikationsmanagement führt leicht zu unangenehmen Besprechungen, Missverständnissen, Widerstand und einem schlechten Ruf des Projekts.
- Etablieren Sie ein Frühwarnsystem und achten Sie auf „schwache" Signale aus dem Projektteam, zum Beispiel drohende Konflikte und Streitereien, überraschendes Ausscheiden von Projektmitgliedern oder die Vermeidung von Aussprachen.
- Achten Sie bei der Einrichtung einer Hotline, dass die Hotline-Mitarbeiter besonders gut ausgebildet sind und die Hotline auch in ausreichendem Maße besetzt ist. Eine Hotline, die nur selten zu erreichen ist und inkompetente Auskünfte erteilt, wirkt stark demotivierend auf die Mitarbeiter.

3.7 Erfolgsfaktoren und Fallstricke

Eine gute Idee alleine reicht in der Praxis nicht aus, um ein Intranet im Unternehmen erfolgreich aufzubauen und einzuführen. Hinzukommen muss ein gut geplantes und umgesetztes Projektmanagement. Die folgenden Faktoren sind dabei entscheidend für den Erfolg des Intranet-Projekts:

... denn sie wissen, was sie tun!

Es gibt einen klaren, zeitlich definierten und schriftlichen Projektauftrag: Ziele, Teilaufgaben und Rahmenbedingungen sind geklärt; finanzielle und personelle Ressourcen stehen zur Verfügung.

Wir sind das Team!
Der Projektleiter, das Projektteam und Promotoren stehen fest und kennen ihre Rollen.

Jeder braucht mal Hilfe!
Falls externe Fachleute nötig sind, wurden diese identifiziert und benannt.

Die Wissenden machen mit!
Es ist geklärt, an welche Ansprechpartner regelmäßig berichtet wird. Diese nutzen das gewonnene Wissen, um das Intranet-Projekt zu steuern.

Planung ist das halbe Leben!
Ein Projektplan mit detaillierter Ablauf- und Zeitplanung ist erstellt und allen Projektbeteiligten bekannt.

Regeln geben Halt!
Es ist geklärt, wie Informations- und Entscheidungsabläufe zwischen den Beteiligten organisiert werden.

Steuerung tut Not!
Es ist vereinbart, welches Controlling durchgeführt wird, zum Beispiel Terminverfolgung und Kontrolle von Arbeitsabläufen, Zwischenergebnissen und Kosten. Konsequenzen werden aus Abweichungen gezogen und umgesetzt.

Keine Angst vor Aufzeichnungen!
Es ist festgelegt, wie der Projektverlauf dokumentiert wird. Die Aufzeichnungen bilden die Ausgangsbasis für Verbesserungen und Lerneffekte.

Wer wird denn gleich in die Luft gehen?
Es gibt einen Eskalationsplan – auch für unvorhergesehene Schwierigkeiten.

Die Mitarbeiter sind unser Kapital!
Es gibt einen Plan, wie die Mitarbeiter mit ihren Ideen einbezogen werden können.

Man kann nicht nicht kommunizieren!
Die Projektkommunikation ist geplant und Maßnahmen zur Information der Mitarbeiter sind vorbereitet.

Doch es gibt nicht nur Erfolgsfaktoren, sondern auch vielfältige Fallstricke und grobe Fehler, die vermieden werden sollten, um das Intranet-Projekt zum Erfolg zu führen.

Auch ein blindes Huhn findet mal ein Korn, aber ...
Eine klare Zielsetzung des Intranet-Projekts sollte herausgearbeitet und allen Projektbeteiligten bewusst sein.

Das erste Mal ist immer am schwierigsten ...
Die Projektleitung sollte bereits Erfahrungen in der Steuerung komplexer Projekt haben. Benötigt werden neben ausreichenden Fachkompetenzen auch Führungsqualitäten, um die Befugnisse und Entscheidungsspielräume zu nutzen und das Projektteam zu motivieren.

Mein Name ist Hase ...
Allen Beteiligten muss klar sein, was sie in welchem Zeitraum zu tun haben und für was sie zuständig und verantwortlich sind.

Zeit ist relativ, aber ...
Durch eine falsche Zeitplanung entsteht oft ein unnötig hoher Druck, der sich negativ auf die Leistung und Stimmung des Projektteams auswirkt.

Fehlende Rückendeckung ...
Das Management muss immer wieder die Notwendigkeit und Wichtigkeit des Intranet-Projekts unterstreichen und das Projektteam im Unternehmen durch positive Kommunikation unterstützen.

Immer der Papierkram ...
Gerade die Dokumentation wird oft vernachlässigt und als unnötig abgetan. Nur eine lückenlose Dokumentation erspart aber Missverständnisse und Fehler.

Null Bock auf Intranet ...
Es „menschelt" in Projekten und die Zusammenarbeit ist ein zentraler Erfolgsfaktor. Es müssen Möglichkeiten vorhanden sein, eine negative Teamatmosphäre zu vermeiden und die Stimmung bzw. Konflikte im Projekt zu besprechen und aufzuarbeiten.

Nichts kommt zurück ...

Menschen brauchen Anerkennung und Erfolgserlebnisse, gleichzeitig wünschen sie sich eindeutige Worte, wenn etwas schief läuft. Nur durch klares Feedback wird eine hohe Beteiligung und Motivation erreicht.

4. Personal- und Organisationsentwicklung

Die beste neue Technologie nützt nichts, wenn sie nicht eingesetzt wird. Intranet-Projekte dürfen daher nicht ausschließlich technologiegetrieben umgesetzt werden, sondern von zentraler Bedeutung sind die Entwicklung des Personals und der Organisation.

Unternehmen sind soziale Organisationen, die einen klar definierten Zweck verfolgen, Strukturen aufweisen und sich gegenüber ihrer Umwelt eindeutig abgrenzen. Jede technologische Veränderung hat zwangsläufig Auswirkungen auf strukturelle und personelle Ressourcen, die angepasst werden müssen, um den Umgang mit der neuen Technologie optimal zu gestalten.

Die Intranet-Einführung in Unternehmen lediglich aus einem technischen Blickwinkel zu betrachten, greift daher zu kurz und muss in der Praxis zwangsläufig scheitern. Denn Unternehmen sind komplexe soziale Systeme, in denen das Leben „tobt": Es treffen Menschen mit unterschiedlichen Werten und Normen, individuellen Biographien, differenten Interessen und verschiedenen Fähigkeiten und Ressourcen zusammen. Organisationen sind Schauplätze von Machtkämpfen, heimlichen Mauscheleien und intriganten Spielen mit wechselnden Spielern, Strategien, Regeln und Fronten.

Es „menschelt" in Unternehmen oft mehr als den meisten bewusst und angenehm ist. Aus dieser Perspektive von Organisation versteht es sich von selbst, dass eine Technologieentwicklung, die erfolgreich verlaufen soll, auch die Organisation und den Menschen im Fokus haben muss. Kommunikation spielt bei dieser sozialen Perspektive im Gegensatz zum rein technischen Verständnis von Organisationen eine zentrale Rolle.

Insbesondere die Emotionen der Mitarbeiter sind bei Veränderungsprozessen, wie der Einführung eines Intranets, ein zentraler Faktor, der über den Erfolg oder Misserfolg der Integration und Nutzung des neuen Mediums entscheidet.

Grundsätzlich sind bei der Personal- und Organisationsentwicklung drei Ebenen zu berücksichtigen, die in der Praxis miteinander verbunden sind: die Organisation, die Gruppe und das Individuum. Abbildung 19 veranschaulicht die Zusammenhänge.

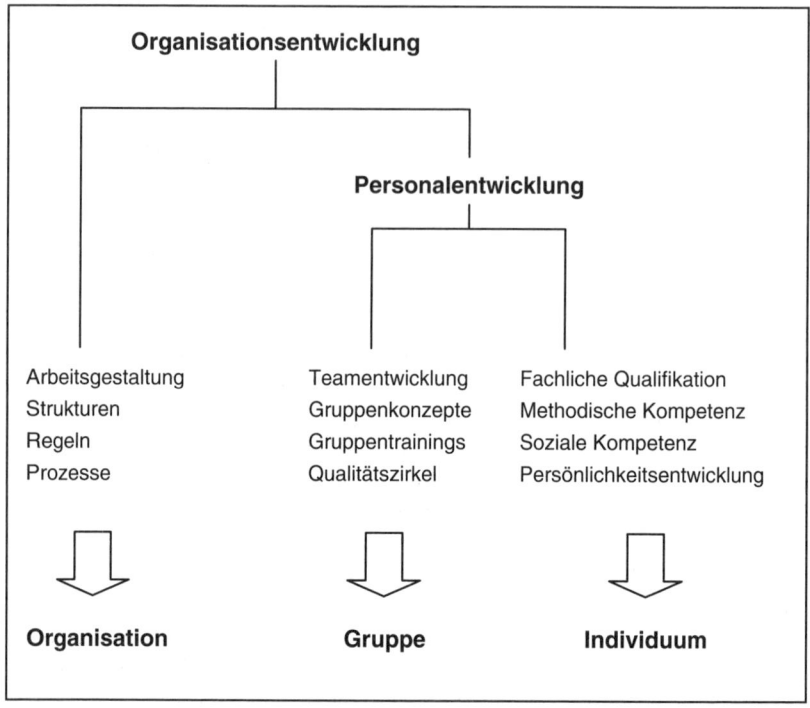

Abbildung 19: Organisations- und Personalentwicklung

Personal- und Organisationsentwicklung sind längerfristig angelegte, umfassende Veränderungsprozesse von Organisationen und der in ihr tätigen Menschen. Die Prozesse beruhen auf Lernen aller Betroffener durch direkte Mitwirkung und praktische Erfahrung. Ziele bestehen in einer gleichzeitigen Verbesserung der Leistungsfähigkeit der Organisation, beispielsweise der Effektivität, Flexibilität oder Innovationsfähigkeit, und der Qualität des Arbeitslebens, die zum Beispiel in der Persönlichkeitsentfaltung, Humanität und Selbstverwirklichung zum Ausdruck kommt.

Schon lange sind es nicht mehr nur technische und strukturelle Fragestellungen, die in Changeprozessen behandelt werden. So genanntes „Emotionsmanagement" hat sich zu einem entscheidenden Erfolgsfaktor im Changemanagement entwickelt. Die Einbeziehung der Mitarbeiter und deren Bedürfnisse und Befindlichkeiten von Anfang an und kontinuierlich über den ganzen Einfüh-

rungs- und Entwicklungsprozess eines Intranets ist außerordentlich wichtig –
auch zeitlich weit über diesen Zeitraum hinaus.

Tipps

- Es ist ein Kardinalsfehler, sich bei einem Veränderungsprozess wie der Einführung eines Intranets ausschließlich auf den formalen Projektverlauf und die technische Entwicklung zu konzentrieren. Neben der Effizienz und Effektivität von Strukturen und Prozessen muss der Personalentwicklung eine zentrale Rolle als Erfolgsfaktor eingeräumt werden.
- Beachten Sie bei der Intranet-Einführung nicht nur die „harten", sondern auch die „weichen" Faktoren. Insbesondere die Unternehmenskultur und das Betriebsklima sollten aufmerksam betrachtet werden.

4.1 Qualifizierung Projektteam, Führungskräfte und Mitarbeiter

Die im Unternehmen tätigen Menschen sind die tragenden Säulen bei der Einführung und Nutzung des Intranets. Ohne ihre aktive Mitwirkung wird sich das Projekt in die Länge ziehen und das Intranet, anstatt zu einem lebendigen Medium der Mitarbeiterkommunikation, zu einem „schlafenden Riesen" entwickeln, der nur geweckt wird, wenn Mitarbeiter einen Reisekostenantrag oder eine wichtige Information brauchen.

Doch nicht nur eine angemessene Änderungsbereitschaft und Motivation der Projektmitglieder, der Führungskräfte und Mitarbeiter sind notwendig, sondern in hohem Maße auch eine bedarfsgerechte Personalentwicklung, um die Intranet-Nutzer zum sachgerechten Umgang mit dem neuen Medium zu qualifizieren.

Grundlage jedes Changeprozesses ist die Akzeptanz einer Veränderung. Sie setzt sich aus den zwei Bereichen zusammen: Änderungsbereitschaft und Änderungsfähigkeit (Abbildung 20). Das heißt: Projektmitglieder, Führungskräfte und Mitarbeiter müssen sowohl „Können" als auch „Wollen."

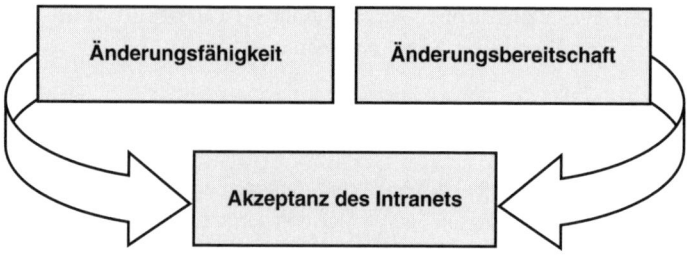

Abbildung 20: Akzeptanz des Intranets

So wie der Boden eines Ackers für die Saat vorbereitet werden muss, ist es auch notwendig, einen Boden für die Einführung des Intranets zu bereiten. In Unternehmen mit einer ausgeprägten Änderungskultur kann dies in relativ kurzer Zeit geschehen. Die Mitarbeiter sind an Veränderungen gewöhnt und nehmen die Herausforderung an, wenn ihnen Sinn und Hintergrund der Maßnahmen klar sind. In Unternehmen mit einer tendenziell schwerfälligen Veränderungskultur, eventuell gepaart mit einer gewissen Technikskepsis, bedarf es einer längeren Zeitspanne, um die Änderungsbereitschaft aufzubauen.

Tipps

- Änderungsfähigkeit und Änderungsbereitschaft gehen Hand in Hand. Stellen Sie sicher, dass beide Aspekte berücksichtigt und bearbeitet wurden. Räumen Sie genügend Zeit für diese Bereiche ein.
- Überprüfen Sie, welche Schulungsnotwendigkeiten für Projektmitglieder, Führungskräfte und Mitarbeiter notwendig und sinnvoll sind. Eine sorgfältige und realistische Reflexion von Schulungsbedarf verhindert zum Beispiel zeitintensive „Rückschleifen" im Projekt aus Kompetenzmangel.

Das Projektteam, die Führungskräfte und Mitarbeiter benötigen vielfältige, je nach individueller Aufgabenstellung erforderliche Kompetenzen, um das Projekt „Einführung eines Intranets" reibungslos und mit Erfolg durchzuführen und langfristig zu etablieren. In Abbildung 21 sind typische Felder an Handlungskompetenzen der Projektbeteiligten aufgeführt.

Abbildung 21: Handlungskompetenz der Projektbeteiligten

Fachkompetenz

Fachkompetenz bedeutet, dass die Projektbeteiligten ihr Aufgabengebiet beherrschen und die fachlichen Fähigkeiten vorhanden sind. Des Weiteren sollte sich der individuelle Erfahrungshintergrund auch für neue Aufgaben nutzen lassen. Falls das einschlägige Know-how fehlt, sollte man in der Lage sein, dieses in Qualifizierungsmaßnahmen zu erwerben.

Soziale Kompetenz

Soziale Kompetenz ist die Fähigkeit, mit anderen Personen konstruktiv zusammenzuarbeiten sowie Aufgaben gemeinsam anzugehen und zu bewältigen. Voraussetzung dafür ist die Bereitschaft, andere Menschen in ihrer jeweiligen Eigenart, mit ihrem speziellen Hintergrund, ihren Normen und Werten kennen zu lernen und sie zu akzeptieren, so wie sie sind. Aber auch die Fähigkeit, sich in fremde Menschen hineinzuversetzen und sich auf sie einzustellen, ist entscheidend.

Methodenkompetenz

Methodenkompetenz umfasst die Bereitschaft und die Fähigkeit, verschiedene methodische Ansätze situationsgerecht und personengerecht anzuwenden, um damit effektiv ein Ziel zu erreichen. Typische Methoden sind beispielsweise die Konfliktlösung, Gesprächsführung, Ideenfindung, Präsentation, Moderation oder Problemlösung.

Persönlichkeitskompetenz

Persönlichkeitskompetenz beschreibt die Fähigkeit, sich selbst zu kennen und zu entwickeln. Menschen mit hoher Persönlichkeitskompetenz verfügen über eine innere Unabhängigkeit und schöpfen Kraft und Ansporn aus dem Reiz der Aufgaben. Sie legen wert auf die Entwicklung ihrer Persönlichkeit, geben Feedback und suchen Feedback. Sie besitzen eine hohe emotionale Kompetenz und sind sich ihrer selbst, das heißt, ihrer Handlungen, Gefühle und Gedanken bewusst und in der Lage, diese zu steuern.

Qualifikation des Projektteams

Für ein erfolgreiches Projektmanagement ist es erforderlich, dass das gesamte Projektteam über die notwendigen Kompetenzen verfügt. Gerade der Projektleiter als Schlüsselfigur im Veränderungsprojekt sollte folgende Fähigkeiten und Erfahrungen besitzen:

Fachkompetenz

- Über ausreichendes Wissen und Erfahrungen im Projektmanagement, im Umgang mit neuen Medien und über gruppendynamisches Know-how verfügen.
- Systemisches Arbeiten gewohnt sein.
- Abläufe und Prozesse sinnvoll strukturieren können.
- Konsequent den Stand des Projekts überprüfen und gegebenenfalls Maßnahmen einleiten.
- Er sollte Informationen schnell und verständlich weitergeben.
- Projektteammitgliedern regelmäßig und konstruktiv Feedback geben.

Sozialkompetenz
- Im Projekt vorleben, was er von seinem Projektteam erwartet.
- Spielregeln und Abmachungen zur Zusammenarbeit aufstellen und auch selbst einhalten.
- Für eine konstruktive und offene Gesprächsatmosphäre sorgen.
- Konflikte frühzeitig erkennen und Konfliktlösungstechniken anwenden.
- Mit anderen Meinungen und Kritik konstruktiv umgehen.
- Für gemeinsam erarbeitete Teamergebnisse sorgen.
- Vertrauen und Zuversicht aufbauen.
- Sein Team motivieren können, vor allem bei Schwierigkeiten im Team.

Methodenkompetenz
- Techniken in Moderation, Präsentation und Rhetorik.
- Methoden im Projekt- und Zeitmanagement.
- Konfliktlösungstechniken.
- Problemlösungs- und Kreativitätstechniken.
- Gesprächsführungstechniken.
- Besprechungs- und Meetingtechniken.

Persönlichkeitskompetenz
- Seinen Projektführungsstil kennen und bei Bedarf reflektieren.
- Sich für das Intranet-Projekt begeistern und fähig sein, auch andere dafür zu motivieren.
- Engagement zeigen und Verantwortung übernehmen.
- Flexibel neue Wege gehen, wenn die alten nicht mehr greifen.
- Zuhören können.

Auch das Projektteam, die Arbeitsgruppen und die Promotoren benötigen die zur Erfüllung der Aufgaben erforderliche entsprechende Fachkompetenz, Sozialkompetenz, Methodenkompetenz und Persönlichkeitskompetenz. Der Projektleiter muss überprüfen, ob diese Kompetenzen im ausreichenden Maß vorhanden sind, und eventuell einen Schulungsplan aufgrund des Bedarfs aufstellen. Häufig wird gerade in die Kompetenzvermittlung nicht investiert, weil man davon ausgeht, dass sich die Beteiligten schon „zusammenraufen" werden.

Teamarbeit ist jedoch keine leichte Arbeit. Sie ergibt sich nicht einfach aus dem Nichts. Teams entwickeln sich und durchlaufen unterschiedliche Phasen.

Gerade am Anfang eines Projekts kann eine Teamentwicklungsmaßnahme daher hervorragende Unterstützung bieten.

Teams entwickeln sich immer in Phasen, die stets von allen Teams durchlebt werden. Manchmal überschneiden sich die Phasen, manchmal bilden sich auch Rückschleifen – vor allem dann, wenn künstlich versucht wird, Phasen zu übergehen oder zu beschleunigen. Ein erfahrener Projektleiter sollte die unterschiedlichen Phasen kennen und sein Team im Prozess konstruktiv begleiten. Es lassen sich folgende Phasen unterscheiden:

Testphase (Forming): Die Gruppe findet sich zusammen und nimmt Aufgabe und Ziel ins Visier.

Nahkampfphase (Storming): Unterschiedliche Denk-, Handlungsweisen und Interessen führen zur Konfrontation und Auseinandersetzung.

Organisierungsphase (Norming): Man arbeitet konstruktiv an der Basis einer guten Zusammenarbeit. Konsens wird gefunden. Mit Spielregeln und Richtlinien wird das Ziel der Aufgabe verfolgt.

Verschmelzungsphase (Performing): Die Voraussetzungen für die inhaltliche Arbeitsphase sind geschaffen. Alle Energie steckt in der Zusammenarbeit (Synergie), Problemlösung und Lösungsorientierung stehen im Vordergrund.

Die unterschiedlichen Phasen lassen sich in einer so genannten „Teamentwicklungsuhr" darstellen (Abbildung 22).

Tipps

- Zeichnen Sie die Teamentwicklungsuhr auf ein großes Plakat und erläutern Sie den Projektmitgliedern den Verlauf eines Teams. Das gibt dem Team Sicherheit und Orientierung, insbesondere in schwierigen Phasen.
- In die Qualifikation der Projektteammitglieder zu investieren erspart nicht nur Zeit und mittelfristig Budget, sondern vor allem auch Nerven. Treffen Sie eine gute Auswahl beim Projektleiter, den Projektteammitgliedern, den Arbeitsgruppenmitgliedern und den internen Promotoren und schulen Sie diese in den Bereichen, in denen es notwendig ist.

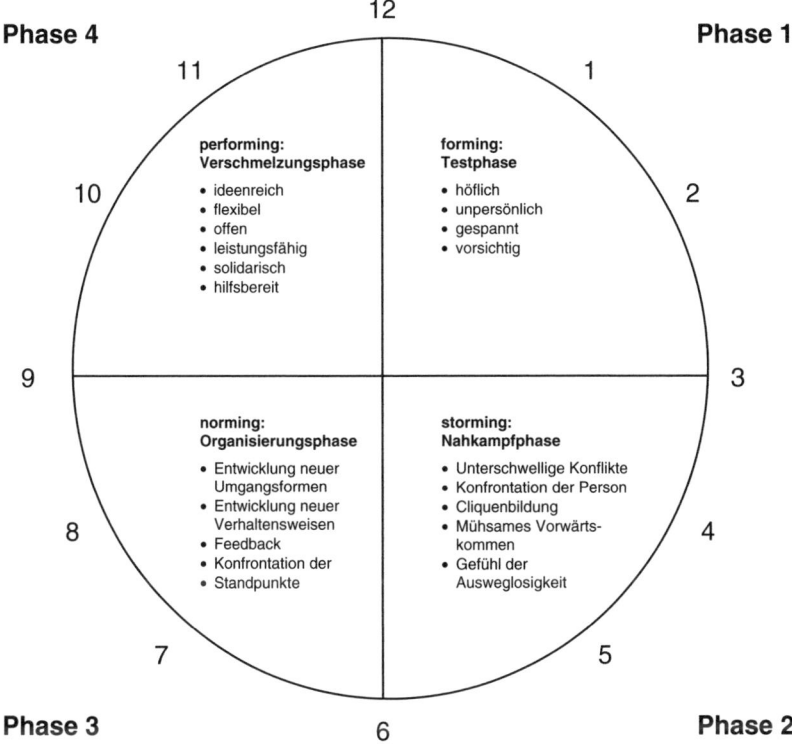

Abbildung 22: Die Teamentwicklungsuhr

Qualifikation der Führungskräfte

Wesentliche Promotoren bei der Einführung des Intranets sind neben dem Lenkungsteam auch die Führungskräfte im Unternehmen. Ihre Bereitschaft, das Projekt zu unterstützen, ist oft wichtiger als angenommen. Sie sind Vorbild für ihre Mitarbeiter, die das Intranet nutzen sollen. Und diese beobachten und registrieren genau das Verhalten der Führungskräfte, das sich beispielsweise in folgenden Handlungen zeigt:

- Zeigen sich die Führungskräfte eher skeptisch oder sind sie begeistert von dem Projekt?
- In welcher Art und Weise sprechen sie von dem Projekt? Sind sie „begeisterte Bekenner" oder lediglich „skeptische Ausführer" des Top-Managements nach dem Motto: „Was die sich da oben wieder ausgedacht haben."?
- Welche Priorität räumen die Führungskräfte dem Projekt ein?
- Welche zeitlichen Ressourcen erhalten die Mitarbeiter für das Projekt von den Führungskräften?
- Inwieweit beteiligen sich die Führungskräfte an der Mitgestaltung und vor allem auch an der Nutzung des neuen Mediums?
- Setzen sich die Führungskräfte aktiv dafür ein und machen für das Intranet Werbung oder machen sie nur „das Nötigste"?
- Welcher Stellenwert wird dem Intranet bei Mitarbeitergesprächen eingeräumt? Fließt die Nutzung des Intranets in die Leistungsbeurteilung der Mitarbeiter ein?

Veränderungsprojekte brauchen die Unterstützung und Begeisterung gerade des mittleren Managements. Sie sind tragende Säulen des Veränderungsprozesses und bieten Orientierung für die Mitarbeiter. Deshalb ist es dringend geboten, die Führungskräfte nicht nur in der Technik des Internets zu schulen, sondern in speziellen Führungskräftetrainings sollte das Projekt Intranet zur „Chefsache" erklärt und ein Commitment jeder einzelnen Führungskraft eingeholt werden, um das Intranet mit allen Kräften mitzutragen. In diesen Führungskräfteschulungen sollte explizit

- die Notwendigkeit der aktiven Promotion herausgestellt werden,
- ein einheitliches Vorgehen bei Information und Kommunikation über das Projekt beschlossen werden,
- die aktive Mitgestaltung der Führungskräfte gefordert werden,
- die Wichtigkeit des Intranets für die Wettbewerbsfähigkeit des Unternehmens klar kommuniziert werden,
- Argumentationshilfen erarbeitet werden,
- den Führungskräften der Verlauf und die Entwicklung von Veränderungsphasen erläutert und vermittelt werden, wie sie bei diesen Phasen Hilfestellung leisten können, und
- Zeit für Diskussionsmöglichkeiten eingeräumt werden.

Allen Führungskräften sollte klar sein, dass bei Veränderungen in Unternehmen Emotionen eine große Rolle spielen. Technische Schulungen und die Information über die Einführung des neuen Mediums sind nicht ausreichend. Mitarbeiter brauchen Unterstützung und Begleitung bei Changeprozessen. Führungskräfte müssen kompetent und bereit sein, diese professionelle Begleitung ihren Mitarbeitern anzubieten.

Tipps

- Laden Sie die Führungskräfte regelmäßig zu Projektmeetings ein, um sie in das Projekt einzubinden.
- Vermitteln Sie die Wichtigkeit des Intranet-Projekts und den Nutzen für die Führungskräfte selbst und für ihre Mitarbeiter.
- Teilen Sie den Führungskräften mit, wie sie das Intranet-Projekt aktiv unterstützen können.

Qualifikation der Mitarbeiter

Mitarbeiter benötigen – wie bereits im Kapitel Projektmanagement beschrieben – mediale, kommunikative und soziale Kompetenzen, um das Intranet sinnvoll im Arbeitsalltag zu nutzen. Es müssen aber auch Berührungsängste abgebaut und Begeisterung für das Intranet entzündet werden. Zusätzlich zur Veränderungsbereitschaft ist es wichtig, eine Veränderungsfähigkeit bei den Mitarbeitern herzustellen. Diese kann unter anderem durch eine umfassende Information und beständigen Dialog erzielt werden.

In die Trainings der Mitarbeiter sollten auch die Promotoren integriert sein. Sie sind als Begleiter des Projekts das Bindeglied zu den Mitarbeitern und somit auch Seismograph für deren Wünsche und Bedarfe. Sie können als „Key User" ein spezielles Training erhalten, um vor Ort an den Arbeitsplätzen als Multiplikatoren den Mitarbeitern Unterstützung und Hilfestellung anbieten zu können.

Tipps

- Legen Sie nicht nur Wert auf den Besuch formaler Weiterbildungskurse, sondern fördern Sie auch informelles und selbstgesteuertes Lernen von Kollegen und Mitarbeitern. So können informelle Netzwerke im Unternehmen entstehen, die auch zur Verankerung des Intranets beitragen. Wissen ist die einzige Ressource im Unternehmen, die sich vermehrt, wenn sie geteilt wird.
- Nutzen Sie auch das Intranet, um grundlegende Informationen zur Handhabung und zur Nutzung des Mediums im Unternehmen zu vermitteln.
- Setzen Sie spielerische Elemente in Trainings ein und verbreiten Sie ein positives Weiterbildungsklima im Unternehmen. Lernen soll auch Spaß machen und die Mitarbeiter anspornen, sich weiter zu qualifizieren und mit dem Intranet auseinanderzusetzen.
- Bieten Sie zielgruppenspezifische Schulungen an. Achten Sie insbesondere auf Intranet-Verweigerer und technikferne Zielgruppen, wie ältere Mitarbeiter oder geringer Qualifizierte.

4.2 Steuerung der organisatorischen Veränderungsprozesse

Mit der Einführung des Intranets sind für die Mitarbeiter neue Aufgaben verbunden. Gleichzeitig lassen sich bestehende Arbeits- und Kommunikationsprozesse verändern und effektiver gestalten. Eine Herausforderung, die in der Praxis oft nur selten bewusst angegangen wird, ist die Veränderung von organisatorischen Strukturen und Prozessen. Häufig sieht man das Intranet nur als neues Medium im Unternehmen, die konkreten Auswirkungen auf die Zusammenarbeit und die Notwendigkeit der organisatorischen Verankerung werden nicht erkannt.

Das Intranet hat das Potenzial, die Strukturen und Prozesse in Unternehmen grundsätzlich zu verändern. Folgende Entwicklungen zeigen sich häufig beim praktischen Einsatz:

- **Bessere Integration:** Mitarbeiter werden durch die Intranet-Kommunikation besser als mit herkömmlichen Medien in Kommunikationsprozesse eingebunden. Kommunikationsprozesse verlaufen direkter und die Anzahl der bei der Informationsweitergabe beteiligten Stellen verringert sich. Die Kommunikation zwischen Geschäftsleitung und Mitarbeitern kann intensiviert werden. Die zentrale Rolle der Führungskräfte ändert sich jedoch nicht. Führungskräfte fungieren nach wie vor als ein zentrales Element der Mitarbeiterkommunikation.

- **Verflachung von Hierarchien:** Im Vergleich zu den etablierten Medien der Mitarbeiterkommunikation werden Kommunikationsprozesse im Intranet durch Hierarchien weniger beeinflusst. Der Status der Kommunikationspartner verliert im Intranet nicht an Einfluss auf die Kommunikationsabläufe. Die Verflachung von Hierarchien wird vom Intranet aber unterstützt.
- **Zunehmende Dialogorientierung:** Die Prozesse der Mitarbeiterinformation im Intranet verlaufen zwischen Mitarbeitern und der Geschäftsführung zunehmend dialogorientiert. Die Nutzung des Intranets zur Mitarbeiterkommunikation führt zu einem intensiveren Dialog im Unternehmen. Das Kommunikationsmedium hat aber keine fundamentale Veränderung der Beziehung zwischen Geschäftsleitung und Mitarbeitern zur Folge.
- **Holschuld:** Informationen werden im Intranet stärker bereitgestellt und weniger verteilt. Die Entscheidung ist abhängig von der Bedeutung der Information in der jeweiligen Kommunikationssituation und dem Kommunikationsverhalten der Mitarbeiter. Die Informationsbringschuld des Unternehmens wandelt sich zunehmend in eine Informationsholschuld der Mitarbeiter, die jedoch als notwendige Voraussetzung über entsprechende Medienkompetenzen verfügen müssen.
- **Asynchrone Prozesse:** Das Intranet ermöglicht asynchrone Kommunikationsprozesse. Es verringert räumliche und zeitliche Kommunikationsbarrieren. Dies ist insbesondere für international tätige Unternehmen von strategischer Bedeutung.
- **Sachlichkeit:** Von Unternehmen wird das Intranet vorwiegend zur Verbreitung sachlicher Aussagen an einen größeren Teilnehmerkreis genutzt. Im Mittelpunkt der Kommunikation stehen die Prozesse der Aufgabenerfüllung. Es bietet aber mit Diskussionsgruppen, Kommunikationsforen und E-Mails auch neue Formen der persönlichen Ansprache der Mitarbeiter. Generell lässt sich ein Trend zur Personalisierung des Intranets und zur zielgruppenspezifischen Aufbereitung der Inhalte feststellen.

Welche neuen Aufgaben entstehen durch das Intranet in Unternehmen? Nicht nur die Kommunikationsabteilung, sondern alle Mitarbeiter sind gefordert, das Intranet zu pflegen, weiterzuentwickeln, Inhalte bereitzustellen und Wissen zu

teilen. So können beispielsweise im Kommunikationsbereich neue Stellen geschaffen werden, die für redaktionelle Inhalte und Kommunikationsangebote
wie Chatforen oder Diskussionsgruppen zuständig sind. Die EDV-Abteilung
kann das Intranet technisch betreiben und die einzelnen Abteilungen können im
Rahmen ihrer originären Aufgaben auch für die Nutzung des Intranets als Ar-
beitsmedium und für die Bereitstellung notwendiger Inhalte verantwortlich sein.

Aus organisatorischer Sicht sind nicht nur Aufgaben, sondern auch Verantwortlichkeiten und Kompetenzen zu klären. Content Owner sind als verantwortliche Stellen für die Intranet-Inhalte zu definieren. Neue Kompetenzen zur
Erfüllung der neuen Aufgaben sind zuzuweisen, insbesondere auch, um über ein
neues oder zusätzliches Budget zu verfügen.

Die organisatorischen Veränderungen müssen ihren Niederschlag in der
formalen Aufbau- und Ablauforganisation finden. Im Rahmen der Aufbauorga-
nisation sind Organigramme anzupassen und Stellenbeschreibungen zu verändern. Arbeitsprozesse sind bei der Ablauforganisation durch das Intranet neu zu
gestalten. Zu definieren ist, wie grundlegende Informations- und Kommunikationsprozesse im Unternehmen mit Hilfe des Intranets ablaufen.

Darüber hinaus sind die Führungsinstrumente im Unternehmen anzupassen.
In Zielvereinbarungen mit Mitarbeitern ist zum Beispiel die aktive und passive
Nutzung des Intranets zu thematisieren. Aussagen sind zu treffen über die Wissensweitergabe, aber auch über die Anreize für Mitarbeiter zur Nutzung des
neuen Mediums. So kann das Engagement der Mitarbeiter bewertet werden und
dies kann eventuell auch beim Gehalt als flexibler Anteil gewürdigt werden.

5. Konstruktiver Umgang mit Veränderung

Nicht alle Mitarbeiter werden von der Einführung eines Intranets im Unternehmen auf Anhieb begeistert sein. Die Faszination des Projektteams für die neue Informations- und Kommunikationstechnologie löst nicht automatisch eine Faszination für das Intranet im Arbeitsalltag der Mitarbeiter aus. Sie sind plötzlich gefordert, sich neue Kompetenzen für den Umgang mit dem neuen Medium anzueignen. Arbeitsprozesse, die über viele Jahre hinweg optimiert wurden, sollen plötzlich völlig anders verlaufen und viele Mitarbeiter werden das Gefühl haben, nicht gefragt worden zu sein. Die gewohnten Informationswege und Kommunikationsangebote sind auf einmal nicht mehr vorhanden, stattdessen sollen sich Mitarbeiter nun selbstständig im Intranet informieren, sich austauschen und auch noch ihre Erfahrungen und ihr Wissen anderen bereitstellen.

Die Einführung eines Intranets kann in der Praxis schnell zu einem grundlegenden Veränderungsprozess für die Gesamtorganisation führen, der bei fehlender Steuerung leicht außer Kontrolle geraten kann. Widerstände, hitzige Debatten und „hochkochende" Emotionen sind hierbei keine Seltenheit. Wie konstruktiv mit Veränderungen umgegangen werden kann, wird in den folgenden Abschnitten vorgestellt und diskutiert.

5.1 Emotionale Phasen im Veränderungsprozess

Mitarbeiter verändern sich in Unternehmen, oft zum Leidwesen von Vorständen, Organisationsentwicklern und Veränderungsbegleitern. nicht gerne und meist nur langsam. Veränderungen versetzen Menschen – entwicklungsgeschichtlich bedingt – in einen erhöhten Wachsamkeitszustand mit verstärkter Aufmerksamkeit. Physiologisch betrachtet wird diese Aufmerksamkeitsreaktion vom Stammhirn – dem ältesten menschlichen Hirnteil – gesteuert. Je nach Situationsbewertung werden drei primäre, überlebenswichtige Strategien und Abwehrreaktionen aktiviert: Angriff, um den Gegner zu verletzen oder zu töten, Flucht, wenn man schneller als der Angreifer ist, und Totstellen, falls nichts anderes mehr hilft.

Keine dieser spontanen Reaktionen scheint heute angemessen zu sein, um auf organisatorische Veränderungen zu reagieren. Trotzdem laufen diese Mechanismen nach wie vor in jedem Menschen ab. Gerade die psychologischen und emotionalen Aspekte sind daher bei der Einführung eines Intranets, die für viele Mitarbeiter eine grundlegende Veränderung ihrer Arbeit bedeutet, zu beachten und ernst zu nehmen.

Zur erfolgreichen Einführung des neuen Mediums Intranet muss bereits im Vorfeld geklärt werden, wie veränderungsbereit und veränderungswillig die Mitarbeiter im Unternehmen sind. Viele Unternehmen überschätzen allzu oft das aktuelle Veränderungspotenzial ihrer Mitarbeiter und „fädeln" das Intranet-Projekt ohne genügend Vorlauf und mit zu wenig Wissen über Changeprozesse in ihrer Organisation ein. Die Initiatoren und Projektbeteiligten sind dann enttäuscht oder reagieren ärgerlich, wenn Mitarbeiter die erwartete Begeisterung für das Intranet nicht teilen und sich nicht in der angestrebten Art und Weise an der Nutzung des neuen Mediums beteiligen.

Tipps

- Damit Mitarbeiter (um-)lernen und ihr Verhalten ändern, wozu sie bei der Einführung eines Intranets aufgefordert werden, braucht es starke und positive Attraktoren. Mitarbeiter müssen einen individuellen Gewinn in ihrer Veränderungsleistung erkennen und eine Vision oder ein langfristiges Ziel vor Augen haben, um sich orientieren zu können und ihrer Anstrengung einen Sinn zu verleihen.
- Verhaltensänderungen von Mitarbeitern basieren auf individuellen Wahrnehmungs-, Verständigungs- und Lernprozessen. Eine nachhaltige und glaubwürdige Kommunikation des Wandels im Unternehmen ist wichtig für die Etablierung des Intranets im Arbeitsalltag.

Den emotionalen Verlauf eines typischen organisatorischen Veränderungsprozesses illustriert ein Phasenmodell, das sieben zeitliche Abschnitte beschreibt (Abbildung 23). Jede Veränderung durchläuft typische Abschnitte mit charakteristischen Verhaltens- und Emotionsmustern. Diese Phasen sind bei allen Menschen und jeder Veränderung ähnlich. Manche Menschen sind länger in der einen oder anderen Phase. Manchmal drehen sie auch Schleifen und durchlaufen Phasen mehrmals. Unter Berücksichtung dieser Phasen können Veränderungsprozesse und vor allem die Mitarbeiter, die von organisatorischem Wandel betroffen sind, sinnvoll unterstützt werden.

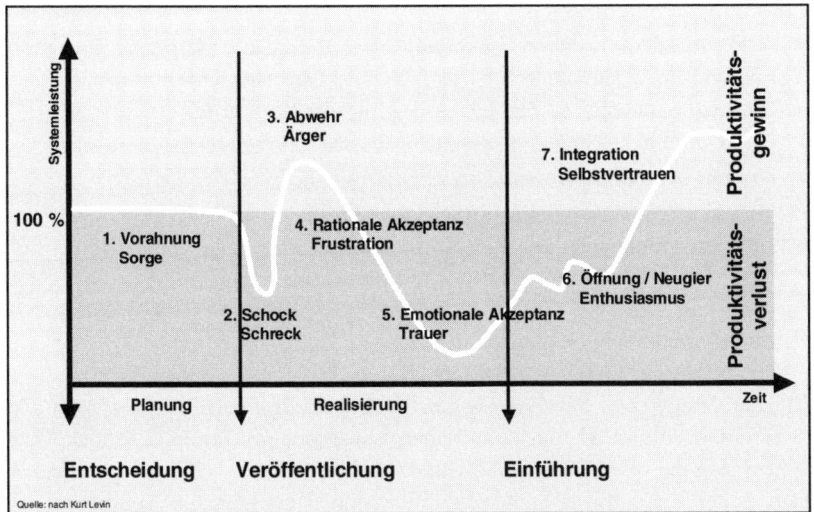

Abbildung 23: Phasenmodell der Veränderung

Phase 1: Vorahnung – Sorge

Erste Zeichen kündigen die Veränderung an. Es ist etwas „im Busch", man merkt, dass um einen herum etwas geschieht. Die Mitarbeiter im Unternehmen haben davon erfahren, dass „etwas Neues" mit dem Computer eingeführt werden soll. Manche kennen vielleicht den Begriff Intranet schon und haben Negatives davon gehört, andere haben das Gefühl, sie schaffen das alles nicht mit dem Computer und jetzt kommt noch mehr dazu, was sie lernen sollen. Wieder andere freuen sich vielleicht sogar auf die neue technische Plattform. Die Mitarbeiter wissen, dass das Intranet kommen wird, aber man weiß noch nicht genau, was das für den Einzelnen bedeutet. Es werden die möglichen Risiken wahrgenommen, die eine Veränderung mit sich bringen kann. Die Mitarbeiter empfinden eine Bedrohung des bestehenden Status quo. Es entstehen Gerüchte, Unruhe und Turbulenzen. Menschen erleben „Kontrollverlust", weil sie den Eindruck haben, dass das Geschehen nicht durch sie selbst beeinflussbar ist. Sorge ist in dieser Phase eine typische und adäquate Reaktion.

Handlungsempfehlungen:

- Offene, klare und direkte Kommunikation, beispielsweise persönlich durch Führungskräfte oder mittels Berichte in der Mitarbeiterzeitschrift.
- Information über Vision und Ziele der Intranet-Einführung.
- Die Wahrheit der Situation benennen: Was ist schon beschlossene Sache?
- Struktur des Projektprozesses so weit wie möglich veröffentlichen.
- Mitwirkungswünsche und -möglichkeiten für die Mitarbeiter bekannt geben.
- „Flurfunk" durch eigene aktive Kommunikationsmaßnahmen eindämmen.

Phase 2: Schock – Schreck

Mit der öffentlichen Bekanntgabe der Veränderungsnotwendigkeit werden alle Befürchtungen und Ahnungen auf einen Schlag präsent. In dieser Schockphase fühlen sich die betroffenen Mitarbeiter verwirrt, gelähmt und starr. Sie können sich weder auf enthusiastische Zukunftsvisionen einlassen noch aktiv an der Veränderung mitwirken.

Dies ist die Phase, in der viele Projektbeteiligte Frustration erleben, weil die Mitarbeiter die Begeisterung für das Intranet nicht sofort teilen. Sie verhalten sich eher passiv und denken sich: *„Dieser Kelch wird auch an mir vorübergehen."* Aber gerade jetzt ist es wichtig, die Bewerbung des Intranets und die Darstellung des Nutzens für die Mitarbeiter voranzutreiben.

Handlungsempfehlungen:

- Fragen zum Perspektivenwechsel in die Kommunikation einbringen: „Was würde geschehen, wenn sich nichts verändert, wenn kein Intranet eingeführt wird?"
- Nicht an der Lösung des Problems, sondern an der Mitarbeiterstarre arbeiten. Das heißt, möglichst viele Ressourcen wachrufen und den Mitarbeitern aufzeigen, welche Unterstützungsmöglichkeiten sie während der Intranet-Einführung erhalten.
- Zweiwegkommunikation: Den Mitarbeitern immer wieder erklären, worum es geht und welche Ziele verfolgt werden.
- „Telling": Es geht nicht nur darum, dass die Mitarbeiter die geplante Veränderung kognitiv verstehen, sondern sie sich auch wertgeschätzt und nicht als Störfaktor fühlen.
- Push-Phase: Die Einführung des Intranets sollte gut organisiert vorangetrieben werden.

Phase 3: Abwehr – Ärger

Nach dem ersten Schreck folgt die Abwehr gegen den Wandel. Die Betroffenen versuchen, das notwendige Ausmaß der Veränderung zu leugnen. *„Wer braucht denn schon ein Intranet, bis jetzt ging das doch auch ganz prima"*, lautet eine typische Aussage in dieser Phase. Dabei kann es zu einer kurzfristigen Spanne erhöhter Aktivität und Leistung kommen. Man versucht, „mehr desselben" zu machen. Schreibkräfte, die zum Beispiel mit dem Aufkommen des PCs ihre Arbeit umstellen sollten, erhöhten ihre Anschlagszahl auf der Schreibmaschine in dieser Phase enorm. Sie wollten beweisen, dass der Computer nicht notwendig sei.

Mitarbeiter ärgern sich in der Abwehrphase über die Geschäftsleitung, die aus ihrer Sicht über die *„Kleinen"* bestimmt. Sie sprechen davon, *„dass die Chefs das doch nicht mit einem machen können."* Viele bezweifeln den wirklichen Nutzen der neuen Technik und zeigen sich auch verärgert darüber, *„dass man auch ohne Intranet kaum noch persönlich miteinander spricht und nun alles noch schlimmer wird."* In dieser Phase schimpfen Mitarbeiter häufig auf alles und jeden.

Handlungsempfehlungen:

* Ärger braucht genügend Zeit und Raum: Projektmitglieder, Lenkungsteam und Führungskräfte müssen die emotionalen Einwände immer wieder aufgreifen – auch wenn sie es selbst schon nicht mehr hören können.
* Persönliche Kommunikation anbieten: Angriffe nicht (zu) persönlich nehmen.
* Wahrnehmungsverzerrungen durch beständiges Nachfragen auflösen und einen Perspektivenwechsel unterstützen.
* Anstehende Veränderungen greifbarer machen, indem im Detail erläutert wird, welche Veränderungen und Möglichkeiten durch das Intranet konkret für den Mitarbeiter entstehen.

Phase 4: Rationale Akzeptanz – Frustration

Nach erfolgloser Abwehr erkennen die Mitarbeiter langsam an, dass jemand etwas im Unternehmen verändern muss, um weiterhin erfolgreich zu sein. Man versucht, meist noch halbherzig, sich auf kleine Veränderungen einzulassen. Diese bringen jedoch oft nicht den erwarteten Erfolg. Die Mitarbeiter sehen rational ein, dass das Intranet als zeitgemäßes Kommunikationsmedium und Arbeitsmittel kommen muss. Sie hoffen allerdings, dass die Einführung schnell vorübergeht und man möglichst wenig selbst betroffen ist. Die Mitarbeiter fühlen sich der unausweichlichen Situation ausgeliefert und sind frustriert. Sätze wie *„Wir haben doch eh keine Chance, wenn die da oben das machen wollen."* sind in den Köpfen und machen die Runde.

Die betroffenen Mitarbeiter überlegen sich Ausweichstrategien, um selbst möglichst wenig von der Intranet-Einführung betroffen zu sein: *„Frau Müller macht das bestimmt für mich, wenn ich das Intranet mal brauchen sollte."* oder *„Die wichtigsten Neuigkeiten werde ich schon von meinem Vorgesetzten erfahren, dafür brauche ich doch kein Intranet."*

Handlungsempfehlungen:

• Die anstehenden Veränderungen klar auf einzelne Personen beziehen und herunter brechen.
• Diskussionen über „man" oder „die Organisation" oder „überhaupt" beenden.
• „Selling": Den Nutzen für die Organisation und den einzelnen Mitarbeiter darstellen.

Phase 5: Emotionale Akzeptanz – Trauer

Wenn allen Mitarbeitern deutlich wird, dass es keinen Weg zurück gibt, dann wird der emotionale Tiefpunkt durchschritten. Was in der vierten Phase noch im „Kopf" war, sinkt nun eine Stufe tiefer ins „Herz". Betroffene Menschen fühlen sich deprimiert und niedergeschlagen. Sie merken, dass das etablierte Handlungsrepertoire ausgeschöpft ist und man sich von alten Gewohnheiten verabschieden muss. Die Gedanken kreisen um das Verlorene: die verlorene Sicherheit und die verlorene Vertrautheit. Die vom Intranet Betroffenen fühlen sich kraftlos und entmutigt. Dieses „Tal der Tränen" ist eine der schwierigsten Stufen jeder Veränderung. Die Aktivität ist am Tiefpunkt und die Mitarbeiter haben das Gefühl, die geforderte Veränderungsleistung nicht zu schaffen. Häufig fühlen sie sich überfordert und finden keinen Sinn in der Intranet-Einführung. Es ist die kritische Schwelle zur Neuorientierung. Gerade ältere Arbeitnehmer sind in dieser Phase gefährdet, aufzugeben und nicht in die nächste Phase zu wechseln.

Auch wenn es für die Initiatoren oder Projektbeteiligten ein kleiner Schritt ist, ein Intranet einzuführen, und sie gar nicht nachvollziehen können, wie man darüber so ein „Tamm-tamm" machen kann, müssen sie sich mit den Emotionen der Mitarbeiter auseinander setzen und sie ernst nehmen. Denn die Mitarbeiter sind die späteren Nutzer des Intranets. Für sie wird das neue Medium entwickelt und sie müssen es akzeptieren.

Handlungsempfehlungen:

* Veränderungstempo etwas verlangsamen und nicht in Aktionismus verfallen. Trauer und negative Gefühle der Betroffenen brauchen Raum und Gehör.
* Gefühle müssen verbalisiert werden.
* Vergangenes würdigen (was war gut am Alten?) und bewusst Abschied davon nehmen, indem Abschieds- und Trennungsrituale initiiert werden. Beispielsweise können im Unternehmen die Schwarzen Bretter offiziell in einem würdigenden Rahmen abgehängt werden.

Phase 6: Öffnung – Neugier, Enthusiasmus

Ist die Trauerphase durchschritten, wird der Weg frei für eine grundlegende Neuausrichtung. Die Neugier auf einen erweiterten Erfahrungshorizont erwacht bei den Mitarbeitern. Sie fangen an, sich für das Neue, das Unbekannte zu interessieren. Es werden neue Handlungsstrategien ausprobiert und Hilfe und Informationen geholt, um das Neue zu bewältigen. Sätze wie *„Das muss doch zu schaffen sein."* oder *„Das kann doch nicht so schwer sein, ich habe doch schon ganz andere Sachen hinbekommen."* kommen auf. Die Zuversicht wächst, aber in dieser Phase werden manchmal auch Rückschläge erlitten und Fehler gemacht.

Die Mitarbeiter interessieren sich zunehmend für das neue Medium. Sie probieren die Funktionen aus und informieren sich, was man mit dem Intranet alles machen kann und wie man es für sich nutzen kann. Sie diskutieren die Vorteile und zeigen sich gegenseitig, was es Neues im Intranet gibt.

Handlungsempfehlungen:

* Fehlerfreundliche Kultur schaffen und Experimentieren fördern.
* Informationsquellen und Experimentierfelder anbieten, zum Beispiel in Veranstaltungen, Seminaren und Trainings.
* Konkrete Mitwirkungsmöglichkeiten anbieten, beispielsweise im Rahmen eines kontinuierlichen Verbesserungsprozesses oder der Diskussion in Kreativgruppen.
* Möglichkeiten zum gegenseitigen Austausch und Lernen schaffen, etwa bei Intranet-Festen, Intranet-Messen oder Preisverleihungen.

Phase 7: Integration – Selbstvertrauen

Durch die kontinuierlichen Lernerfolge im Umgang mit dem Intranet wird das gesamte Wahrnehmungs-, Denk- und Handlungsmuster der Mitarbeiter erweitert. Es wird ein Erfolg nach dem anderen mit dem neuen Medium erlebt. Die Betroffenen finden sich immer besser in der „neuen Welt" zurecht und kennen sich schon fast so gut aus, wie in der „alten Welt". Die neuen Aufgaben werden als Herausforderungen erlebt.

Die Mitarbeiter nutzen das Intranet zunehmend als zentrales Medium im Unternehmen. Sie schätzen die Vorteile und überlegen, wie sie eigentlich früher ohne zurechtgekommen sind. Das Intranet ist im Arbeitsalltag integriert und wird regelmäßig genutzt. Die Mitarbeiter zeigen Interesse an der aktiven Mitarbeit und stellen immer häufiger Informationen und Wissen bereit.

Handlungsempfehlungen:

- Durchlaufen von Reflexionsschleifen: Was lief gut während der Intranet-Einführung? Was kann auf zukünftige Veränderungsprozesse übertragen werden? Was kann beim nächsten Prozess verbessert werden? Wie ging es den Betroffenen während der Veränderung? Welche Spielregeln haben die Veränderung unterstützt? Welche Kompetenzen wurden dazugewonnen, welche sind noch notwendig?

- Feierlicher Abschluss der aktiven Veränderungsphase: Gemeinsames Fest und Würdigung aller Beteiligten und Betroffenen.

5.2   Widerstände nutzbar machen

Nicht alle Menschen verändern sich gerne. Gewohnte Verhaltensweisen aufzugeben und neue zu erlernen versetzt viele Mitarbeiter erst einmal in Widerstand und individuelle Konflikte. Widerstand ist im Arbeitsprozess allerdings eine alltägliche Begleiterscheinung. Es gibt keine Veränderung, keine Entwicklung, kein Lernen ohne Widerstand. Veränderung und Widerstand sind zwei Seiten derselben Medaille.

Trotzdem erscheinen Widerstand und Konflikte vielen Initiatoren von Veränderungsprozessen und Projektteams als lästig, unerträglich, nervig und inakzeptabel. Sie wundern sich, warum die Mitarbeiter die Notwendigkeit der Einführung eines Intranets nicht verstehen. Doch in Veränderungsprozessen ist

Verstehen nur ein Element, entscheidend für den Erfolg ist der Umgang mit den Emotionen der betroffenen Menschen, insbesondere den Ängsten und Bedenken. Diese Emotionen können nicht durch rationale Erklärungen neutralisiert werden.

Das Wichtigste in Veränderungsprozessen wie der Einführung eines Intranets ist der konstruktive Umgang mit Konflikten und Widerständen. Diese zu missachten oder einfach zu übergehen, kann den gesamten Projekterfolg gefährden. Mit harter Hand durchgezogene Projekte können zu ernsthaften Verzögerungen, schwerwiegenden Blockaden und Kostenexplosionen führen. Zudem merken sich Mitarbeiter genau, wie mit ihnen bei einem Veränderungsprozess umgegangen wurde. Die negativen Erfahrungen werden im Unternehmen noch lange Zeit als „Negativ-Story" kursieren. Im schlechtesten Fall werden die Mitarbeiter dem nächsten Veränderungsprozess mit einem hohen Misstrauen begegnen und den Projektbeteiligten keinen Glauben schenken.

Wie entsteht Widerstand?

Widerstand ist eine Verhaltensweise, um den Status quo einer Situation aufrechtzuerhalten, angesichts eines Drucks, diese zu ändern. Es ist dabei nicht wichtig, ob die Änderung notwendig und sinnvoll ist. Aus subjektiver Wahrnehmung heraus reagieren Menschen emotional mit nicht unmittelbar nachvollziehbaren Bedenken, diffuser Ablehnung oder passivem Widerstandsverhalten. Vier wesentliche Gründe führen zu Widerstand bei Veränderungsprojekten wie der Einführung eines Intranets:

Informationsdefizit
Die betroffenen Mitarbeiter haben nicht verstanden, warum das Intranet eingeführt werden soll. Sie haben die Auslöser dafür, die Hintergründe, die Ziele und den persönlichen Nutzen nicht verstanden.

Qualifikationsdefizit
Die Mitarbeiter fühlen sich der neuen Technik nicht gewachsen. Sie zweifeln, ob sie die Umstellung schaffen. Vielleicht befürchten sie auch, sich im Umgang mit dem neuen Medium eine Blöße zu geben. Sie können die Veränderung nicht mitgehen. Diese Bedenken werden jedoch selten direkt geäußert.

Organisationsdefizit
Das Intranet-Projekt ist nicht gut geplant. Der Projektverlauf ist für die Mitarbeiter nicht nachvollziehbar, zu hektisch oder zu chaotisch. Es wird mangelhaft von den Verantwortlichen begleitet und die Mitarbeiter fühlen sich zu wenig unterstützt. Das Projekt wird eventuell auch vom Top-Management oder den Führungskräften nicht deutlich genug gefördert.

Motivationsdefizit
Die Betroffenen verstehen zwar, dass eine Notwendigkeit zur Einführung des Intranets im Unternehmen besteht, und sie glauben sogar den Projektverantwortlichen die verbreiteten Informationen. Sie „wollen" aber nicht mitgehen, da sie von der Einführung des Intranets keine positiven individuellen Effekte erwarten. Sie vermuten eher eine Schlechterstellung ihrer eigenen Person, beispielsweise durch Mehrarbeit. Ein wesentlicher Faktor für die geringe Motivation ist die fehlende Beteiligung der Betroffenen. Die Mitarbeiter fühlen sich übergangen, obwohl doch gerade sie das Intranet nutzen sollen und sind nicht motiviert, sich mit der neuen Technik auseinanderzusetzen.

Wie äußert sich Widerstand?

Nicht immer ist Widerstand gegen ein Intranet-Projekt sofort offensichtlich. Mitarbeiter scheuen häufig die direkte Konfrontation und versuchen, ihre individuelle Situation zu erhalten, indem sie das neue Medium nicht nutzen. In der Praxis stellt sich die Herausforderung, Widerstände zu erkennen und aufzudecken. Drei Verhaltensweisen, die sich an den klassischen biologischen Mustern orientieren, kennzeichnen Widerstand: Angriff, Flucht oder Totstellen. Nachfolgend sind einige exemplarische Beispiele für Boykottstrategien und Widerstände aufgeführt.

Angriff
Manche Mitarbeiter orientieren sich an der Maxime „Angriff ist die beste Verteidigung". Aussagen wie *„Das mag ja in der Theorie alles richtig sein, aber in der Praxis oder gerade in unserem Unternehmen funktioniert das nicht."* werden oft konfrontativ getroffen, um Veränderungen zu vermeiden und das Projektvorhaben zu diskreditieren. Häufig wird auch sehr emotional und polemisch reagiert: *„Jeden Bleistift müssen wir begründen, aber so einen teuren unnötigen Schnickschnack schaffen wir uns einfach an."* Manchmal werden auch Drohungen offen ausgesprochen: *„Wenn*

das Intranet bei uns eingeführt wird, dann gebe ich keine Informationen mehr weiter." Weit verbreitet sind auch rhetorische Angriffe, um Argumenten auszuweichen: „*Können Sie mir genau sagen, wie viel uns das Intranet in Euro und Cent einspart?*" oder „*Ein Intranet ist doch schon ein alter Hut, wir sollten uns gleich etwas ganz Modernes anschaffen, wenn wir schon investieren.*" Besonders zu beachten sind auch Widerstände, die zu Intrigen und Cliquenbildung im Unternehmen führen. Sie können leicht für sehr viel Unruhe, Streit und Gerüchte sorgen und die Mitarbeiter spalten.

Flucht

Sich zunächst einmal zurückzuziehen und zu flüchten ist für einige Mitarbeiter die beste Möglichkeit, mit Veränderungen umzugehen. Es ist ein gutes Mittel, um herauszufinden, ob sich die Veränderung durchsetzen wird oder man sich unnötig anstrengt. „Vorauseilenden Gehorsam" will man auf jeden Fall vermeiden und man tut nur das Nötigste im Veränderungsprozess, um nicht aufzufallen. „*Ich mache hier nur meinen Job.*" ist ein häufiger Ausspruch von Menschen, die mit dem geringsten Aufwand das Maximale erreichen wollen. Sie unterstützen zwar die Einführung des Intranets, aber nur auf „Sparflamme". „*Nicht zum Denken, sondern zum Arbeiten werde ich bezahlt.*" ist ein weiteres Argument von Mitarbeitern, die Arbeit als lästiges Übel erleben und mit Arbeit ausschließlich Negatives verbinden. Dieser Ausspruch passt zwar nicht mehr in das Zeitalter der Wissensgesellschaft, ist aber in Unternehmen noch verbreiteter als man annimmt.

Totstellen

So unterschiedlich die Menschen sind, so verschieden reagieren sie auf Veränderungen. Manche Menschen ziehen sich zurück, schotten sich ab, sagen nichts mehr und warten. Sie gehen in die innere Emigration, werden krank oder bleiben wichtigen Informationsveranstaltungen oder Schulungen fern. Eine andere Form des Totstell-Reflexes ist das Aussitzen. Es ist eine sehr wirkungsvolle Methode, die selbst erfahrenen Projektleitern und Projektbegleitern schwer zu schaffen macht. „Aussitzer" sind mit allem einverstanden, sagen zu allem ja und machen nichts, oder erst etwas nach mehrmaliger Aufforderung. Sie versprechen beispielsweise einen Projektbericht ins Intranet zu stellen, damit die anderen Projektmitglieder ihn einsehen können, und verschicken ihn dann doch per Hauspost.

Welche Widerstandstypen gibt es?

Mitarbeiter zeigen unterschiedliche Verhaltensweisen im Widerstand. Verbreitete Widerstandstypen sind:

Lippenbekenner

Sie finden Neuerungen „richtig, wichtig, gut, längst überfällig etc." Sie sind die typischen Ja-Sager, die dann doch nichts machen und sich nicht beteiligen. Sie praktizieren eine milde Form des Widerstands.

Harmonisierer

Sie verdrängen Probleme und sind der Ansicht: *„Bei uns läuft doch alles ganz prima", „bis jetzt kamen wir doch auch sehr gut zurecht."* Sie sind die typischen Bewahrer des Status quo.

Gleichgültige

Sie sind schwer für Veränderungen zu gewinnen. Charakteristische Aussagen sind: *„Ich habe hier schon so viel erlebt.", „Dieser Kelch wird auch an uns vorüberziehen."*

Aufrechte Gegner

Sie kämpfen. Ihnen geht es um die Sache, nicht um Privilegien. Sie haben oft sehr gute Argumente. Ihr Widerstand ist sehr hilfreich, um das Intranet optimal zu gestalten. Diese Widerständler denken oft an Gefahren, die man eventuell selbst übersehen hat, zum Beispiel, dass die Face-to-face-Kommunikation zurückgeht und sich die Zusammenarbeit verschlechtern kann.

Emigranten

Sie machen nicht mehr mit. Sie haben innerlich gekündigt. Sie sagen überhaupt nichts mehr, sondern schütteln höchstens bedenklich mit dem Kopf. Hier kann es von Nutzen sein, der Resignation auf den Grund zu gehen. Vielleicht gelingt es, Vertrauen wiederherzustellen.

Intriganten

Sie nutzen jede informelle Gelegenheit, andere von der Unsinnigkeit des Intranets zu überzeugen, und werden auch Kaffeepausen-Stimmungsmacher genannt. Sie sind oftmals die gefährlichste Variante des Widerstands, weil man ihn nicht registriert und bemerkt. Er hat jedoch einen hohen Einfluss auf die anderen Mitarbeiter, da viele Ängste und Bedenken geschürt werden und manchmal

bewusst falsche Gerüchte verbreitet werden. Diese Widerständler müssen identifiziert werden und es ist ernsthaft mit ihnen über ihr Vorgehen zu sprechen.

Konstruktiver Umgang mit Widerstand

Widerstand ist kein geheimnisvolles Phänomen, das aus unerklärlichen Gründen
plötzlich auftaucht. Es gibt grundsätzlich keine substanziellen Veränderungen
ohne Widerstand. Nicht das Auftreten von Widerstand, sondern das Ausbleiben
von Widerstand im Unternehmen sollte daher Anlass zur Beunruhigung sein.
Widerstand gegen Veränderungen ist allerdings durchaus rational, da eine Bei-
behaltung des aktuellen Zustands für einzelne Mitarbeiter individuelle Vorteile
bieten kann. Die Ursachen für Widerstand liegen jedoch meistens im emotionalen Bereich. Widerstand enthält daher immer auch eine verschlüsselte, emotionale Botschaft. Deshalb sollte der Beachtung und Beobachtung von Widerstand
bei der Intranet-Einführung ausreichend Aufmerksamkeit geschenkt werden.
Gerade die Nichtbeachtung von Widerstand führt zu Blockaden bei den poten-
ziellen Intranet-Nutzern und möglicherweise auch zu Bumerangeffekten.

Reaktionen und Handlungsmöglichkeiten beim Auftreten von Widerständen
sind:

• Denkpausen einschalten, Dialoge führen, diskutieren.
• Auf den Widerstand eingehen, nicht gegen ihn vorgehen.
• Druck wegnehmen: Raum und Zeit für Artikulation zur Verfügung stellen.
• Ursachen erforschen und Absprachen treffen.

Mit Widerständen konstruktiv umzugehen wird möglich, wenn man die Hintergründe für die Entstehung kennt und frühzeitig auf sich abzeichnende Miss-
stimmungen und Fehlentwicklungen eingeht. Weiter oben wurden bereits die
häufigsten Gründe für Widersprüche beschrieben. Diese sind die Ausgangsbasis
für die Bewältigung drohender Konflikte. Nachfolgend sind einige bewährte
Strategien aufgeführt.

Informationsweitergabe und vertrauensvolle Kommunikation

- *Den Sinn der Veränderung klar kommunizieren:* Menschen verändern sich und geben Widerstände auf, wenn sie nachvollziehen können, dass die Veränderung aus ihrer Sicht einen Sinn ergibt. Der individuelle Nutzen des Intranets für die Mitarbeiter muss klar kommuniziert werden.

- *Information rechtzeitig weitergeben:* Häufig wartet das Management oder die Projektleitung so lange, bis Informationen endgültig abgesichert sind und vollständig vorliegen. Dieser oft gut gemeinte Handlungsansatz führt aber meist zu Gerüchten und Widerständen in Unternehmen und der richtige Informationszeitpunkt wird verpasst. Die verbreiteten Informationen folgen zeitlich gesehen Gerüchten und der informellen Kommunikation. Die Chance, die Meinungsführerschaft zu übernehmen wird leichtfertig verspielt. In der Praxis kann es daher sinnvoller sein, Informationen auch dann herauszugeben, wenn sie noch nicht vollständig sind, und gleichzeitig öfter und zügiger zu informieren. Wichtig ist aber dabei, zu betonen, dass die Mitteilungen noch nicht vollständig oder endgültig im Unternehmen abgestimmt sind. Mitarbeiter bevorzugen meist den kontinuierlichen, wenn auch nicht vollständigen Informationsfluss und fühlen sich dadurch wertgeschätzt, eingebunden und gut informiert.

- *Regelmäßig und nachhaltig kommunizieren:* Ein wesentlicher Aspekt im Umgang mit Widerständen ist die kontinuierliche Kommunikation mit den Mitarbeitern. Top-Management, mittlere Führungsebene und das Projektteam dürfen nicht müde werden, über die geplanten Veränderungen durch das Intranet zu sprechen, und zwar immer und immer wieder. Veränderungen haben einen hohen Kommunikationsbedarf, der zu erfüllen ist.

- *Mit den richtigen Medien die richtige Sprache sprechen:* Von Veränderungsprozessen betroffene Mitarbeiter lassen sich meist nicht durch Hochglanzbroschüren oder Werbepräsentationen überzeugen. Leicht wird der Versuch erkannt, sie nicht ernsthaft zu beteiligen und sie lediglich von der Notwendigkeit des Intranets zu überreden. Die Wahl des richtigen Mediums ist daher für eine erfolgreiche und glaubwürdige Kommunikation und die Vermeidung von Widerständen entscheidend. Hinzu kommen muss aber noch die richtige Ansprache und ein angemessener Kommunikationsstil. Reine Informationsvermittlung nach dem Motto „ZDF – Zahlen, Daten, Fakten" reicht nicht aus, um Widerstände im Unternehmen zu überwinden. Etwa 80 % jeder Beziehung zwischen Menschen spielt sich auf der Beziehungsebene mit Emotionen als zentrales Element ab. Diese 80 % müssen genutzt werden, um die Mitarbeiter für das Intranet im Unternehmen zu gewinnen. Kommunikati-

onsmaßnahmen in der Sprache der betroffenen Mitarbeiter, die auch bewusst
Emotionen berücksichtigen, können die Mitarbeiter erreichen und ein Umdenken bewirken.

Qualifikationsangebote

• *Mitarbeitern die Angst vor dem Versagen nehmen:* Häufig haben Mitarbeiter bei der
Einführung eines Intranets Angst, die Benutzung des neuen Mediums nicht
zu verstehen. Sie haben oft kein Gefühl dafür, was konkret auf sie zukommt,
sie alles lernen und in Zukunft anders machen sollen. Für Mitarbeiter ist es
von großer Erleichterung, wenn sie glaubhaft erfahren, dass es „gar nicht so
schwer" ist. In Qualifikationsmaßnahmen ist daher auch auf die Ängste der
Mitarbeiter einzugehen. Dies lässt sich beispielsweise dadurch erreichen, dass
man ein Unternehmen einlädt, das schon erfolgreich ein Intranet nutzt und
vom sinnvollen Umgang mit dem Intranet berichten lässt. Eventuell kann
man Ängste und Widerstände auch reduzieren, indem eine unverbindliche
Testphase des Intranets angeboten wird und erst nach einer gewissen Zeit,
nach Zustimmung der Mitarbeiter, das neue Medium verbindlich eingeführt
wird.

Organisationsstrukturen transparent machen

• *Dem Prozess Struktur geben:* Ein mögliches Organisationsdefizit kann schon am
Anfang des Projektmanagements durch eine sorgfältige Planung verhindert
werden. Wenn Mitarbeiter ein Intranet-Projekt als chaotisch erleben, werden
sie sehr schnell aussteigen und als „Bremser" fungieren. Trotz qualitativ immer besser werdender Projektmanagement-Tools, hat die Qualität der Projektplanung und -durchführung nicht wesentlich zugenommen. Der Faktor
„Mensch" und der Faktor „Zeit" werden oft zu sehr vernachlässigt und entwickeln dann eine kaum noch zu steuernde Eigendynamik, die viele Projektmitglieder überfordert. Dieser Falle kann entgangen werden, indem frühzeitig
eine realistische Zeitplanung durchgeführt und das Projekt kontinuierlich begleitet wird.

Motivation erhöhen

• *Betroffene zu Beteiligten machen:* Nur mit motivierten Mitarbeitern lassen sich
Veränderungsprojekte wie die Intranet-Einführung zügig und nachhaltig um-
setzen. Ein Grundsatz, der nicht oft genug erwähnt werden kann, ist „Betroffene zu Beteiligten machen". Die Mitarbeiter müssen „ihr" Intranet aufbauen

und entwickeln. Sie sollten von Anfang an in die Planungen einbezogen werden und mitgestalten dürfen.

• *Verschlüsselte Ängste herausfinden:* Oft sind die Ängste der Mitarbeiter nicht offensichtlich, sondern müssen in Gesprächen erst herausgearbeitet werden. Leitfragen, um verschlüsselten Ängsten auf die Spur zu kommen, sind zum Beispiel:

- Bangen Mitarbeiter um die Sicherheit ihres Arbeitsplatzes oder befürchten sie einen notwendigen Wechsel?
- Haben Mitarbeiter Bedenken, dass sich etablierte Kontakte mit Kollegen durch die Intranet-Kommunikation verändern oder sie in Zukunft mit schwierigen Mitarbeitern zusammenarbeiten müssen?
- Machen sich die Mitarbeiter Gedanken, ob sie der neuen Herausforderung gewachsen sind?
- Befürchten Mitarbeiter die Einengung ihrer Selbstständigkeit oder ihres bestehenden Handlungsspielraums?
- Haben die Mitarbeiter Sorgen im Hinblick auf ihre individuellen beruflichen Entwicklungsmöglichkeiten?
- Gibt es Angst vor Einkommenseinbußen oder finanziellen Nachteilen?

Tipps

• Erforschen Sie Ihren persönlichen Umgang mit Veränderungen. Welcher Veränderungstyp sind Sie selbst? Was unterstützt Sie selbst beim Umgang mit Veränderungen? Wie ist Ihr eigenes Veränderungstempo? Das Bewusstsein für den eigenen Umgang mit Veränderungen unterstützt Sie beim Umgang mit Widerständen.

• Nehmen Sie die Mitarbeiter mit ihren Ängsten, Befürchtungen, Nöten und anderen Emotionen ernst. Eine Einführung des Intranets am „grünen Tisch", von der Geschäftsleitung mit einem externen Berater oder einer Stabsabteilung entwickelt und per Rundschreiben eingeführt, zeigt keinen nachhaltigen Erfolg.

• Scheuen Sie sich nicht vor Konflikten, Boykotten und Widerständen. Sprechen Sie diese offen an und entwickeln Sie allgemein akzeptierte Lösungen.

• Ergründen Sie die Ursachen von Widerstand gegen das Intranet genau. Konkrete Maßnahmen sollten die Interessen der Mitarbeiter angemessen berücksichtigen und trotzdem die Ziele des Projekts erreichen.

5.3 Frühzeitige Information und Beteiligung der Mitarbeiter

Auch wenn eine mitarbeiterorientierte Grundhaltung heute noch nicht in allen Unternehmen vorherrscht gilt: Die Mitarbeiter sind letztlich Kunden des Intranets, die das neue Medium nutzen sollen. Kein Marketingexperte würde dazu raten, ein Produkt ohne Kenntnis der Kundenbedürfnisse und ohne Kundenkontakt zu entwickeln. Für die professionelle Intranet-Einführung gilt Entsprechendes.

Vier wesentliche Gründe sprechen dafür, Mitarbeiter so früh wie möglich und kontinuierlich bei der Einführung des Intranets zu informieren und zu beteiligen.

Gerüchte und negatives Story-Telling werden verhindert
Es ist ein Irrglaube anzunehmen, dass man Informationen – vor allem wenn die Entscheidung für das Intranet-Projekt gefallen ist – erst zu einem angeblich passenden und „ausreichenden" Zeitpunkt bekannt geben kann. Spätestens wenn die Projektgruppe gebildet wird, werden die Informationen per „Flurfunk" in Windeseile verstreut. Und diese Flurfunkinformationen funktionieren alle nach dem „Stille Post" Prinzip. Deshalb sollte das Unternehmen die Initiative ergreifen und so früh wie möglich über die geplanten Änderungen informieren. Das Projektteam sollte die Themen Information und Beteiligung gleich von Anfang an strukturiert in den Projektplan mit einbeziehen.

Praxisgerechtere Lösungen werden erreicht
Nur die Mitarbeiter als unmittelbare Betroffene kennen die Details ihrer Arbeit und wissen, welche Funktionen und Inhalte ein Intranet haben sollte und wie eine hohe Usability erreicht werden kann. Informierte und beteiligte Mitarbeiter werden später das Intranet nutzen, weil es ihren Bedürfnissen und Vorstellungen entspricht. Ein lebendiges und funktionierendes Intranet wird nur durch die frühe Einbeziehung des Know-hows und der Wünsche der Mitarbeiter entstehen.

Die Identifikation mit dem Unternehmen erhöht sich
Mitarbeiter, die aktiv in die Projektarbeit und die Entscheidungsfindung einbezogen sind, fühlen sich ernst genommen und identifizieren sich mit ihrem Unternehmen. Da sie partizipieren, werden sie ein Gefühl von *„Ich bin ein wichtiges*

Teil eines Ganzen." erleben. Dies ist die Grundlage dafür, dass Veränderungen langfristig integriert und angenommen werden.

Die Motivation der Mitarbeiter steigt

Wer am Aufbau und der Entstehung des Intranets beteiligt war, gleichgültig in welchem zeitlichen Ausmaß, hat eine hohe Motivation, das Intranet persönlich zu nutzen und weiterzuentwickeln. Mitarbeiter, die aktiv an Problemlösungen mitgearbeitet haben, fühlen sich als verantwortliche Beteiligte und nicht als ertragende „Opfer".

Nicht immer werden alle Projektbeteiligten von der frühzeitigen Information und Beteiligung der Mitarbeiter spontan begeistert sein. Es gibt drei wesentliche Vorurteile dagegen, welche die Projektarbeit oft unnötig erschweren.

Zeit ist Mangelware und kostet unnötig Geld

Fakt ist, die Mitarbeiterbeteiligung und -information nimmt Zeit in Anspruch. Und Zeit ist in Unternehmen heutzutage Mangelware. Doch diese Zeit wird im Laufe des Projekts mehr als wieder aufgeholt. Allein durch die höhere Motivation der Mitarbeiter, die sich beteiligt und gut informiert fühlen, wird die Arbeit schneller vorangehen, als mit Mitarbeitern, die nur „halbherzig" bei der Sache sind. Auch Widerstände der Mitarbeiter, die durch eine mangelhafte Informationspolitik entstehen, können das Projekt enorm verzögern. Deshalb gilt: Bereits bei der Projektplanung ist genügend Zeit für den Umgang mit Mitarbeitern einzuplanen.

Viele Köche verderben den Brei

Eine schlechte Vorbereitung eines Intranet-Projekts führt leicht in ein organisatorisches Chaos. Eine gute Projektplanung hat dagegen keinen „verdorbenen Brei" zur Folge, sondern ein exzellentes, vielseitiges Menü. Notwendig ist allerdings, die unterschiedlichen Ideen zu koordinieren und zielführend zu bündeln. Gerade bei einem Projekt wie der Einführung eines Intranets kommt es auf die Vielfalt von Ideen und Mitwirkung der unterschiedlichen Abteilungen an. Allerdings müssen Aufgaben, Kompetenzen und Verantwortlichkeiten aller Projektbeteiligten klar definiert sein.

Es wird nur noch geredet und nicht mehr gearbeitet
Mitarbeiter haben in der Regel, entgegen einer allerdings weit verbreiteten Meinung, nicht das Bedürfnis, bei allem mitreden zu wollen. Üblicherweise möchten sie sich nur bei Fragen einbringen, die ihr direktes Aufgabengebiet betreffen, oder bei denen sie aufgrund ihrer Kenntnisse und Erfahrungen einen sinnvollen Beitrag leisten können. Wichtig ist, Mitarbeitern in den Feldern Beteiligungs- und Gestaltungsspielräume zu geben, in denen sie kompetent sind und ein Interesse an einer aktiven Mitwirkung haben. Dann wird in den Gruppen nicht ziellos geredet, sondern effektiv und konstruktiv gearbeitet. Falls Defizite in der Gruppendiskussion erkannt werden, sollte die Teamzusammenstellung überdacht und Qualifizierungsmaßnahmen für einzelne Mitarbeiter ergriffen werden.

Der Erfolg von Veränderungsmaßnahmen hängt maßgeblich von einer professionellen Kommunikationsarbeit ab. Die Kommunikatoren – in der Regel die Mitarbeiter der Kommunikationsabteilung des Unternehmens – sind meistens frühzeitig in die anstehenden Changeprozesse eingebunden und übernehmen bei der Einführung eines Intranets folgende, zentrale Funktionen:

• Sie sind strategische Berater der Geschäftsleitung und Coachs für das Management.
• Sie entwickeln die Veränderungsbotschaften und sind den Veränderungsprozessen ein Schritt voraus.
• Sie steuern die Medien und die Evaluation der Kommunikationsmaßnahmen.
• Sie holen Feedback von den Mitarbeitern ein.
• Sie entwickeln und unterstützen die Kommunikationsfähigkeit der Mitarbeiter.

Die Geschäftsleitung und das Management sind bei der Intranet-Einführung wichtige Katalysatoren, um Veränderungen anzustoßen. Sie müssen den Mitarbeitern Orientierung geben und die Vision vermitteln. Die direkten Vorgesetzten haben die Aufgabe, die übergeordneten Ziele in Relation zum Arbeitsplatz der Mitarbeiter umzusetzen. Sie müssen Kontextvermittler und Moderatoren sein, müssen den Mitarbeitern Zusammenhänge erklären und die generelle Zielsetzung des Top-Managements auf die konkrete Arbeit herunterbrechen. Dabei ist es erfolgsentscheidend, sich richtig mitzuteilen, zuhören zu können und Feedback zu geben.
    Im Idealfall kommt es bei einer gelungenen frühzeitigen Information und Beteiligung der Mitarbeiter zu folgenden Ergebnissen:

- Die Mitarbeiter wissen, welche Ziele das Unternehmen mit dem Intranet verfolgt und wie sie das Intranet für ihre alltägliche Arbeit nutzen können.
- Die Mitarbeiter verstehen die Intranet-Strategie und fühlen sich mit den Unternehmenszielen verbunden.
- Kommunikation kann in allen Richtungen frei fließen: top-down, bottom-up und funktionsübergreifend.
- Die Geschäftsleitung und die Führungskräfte wissen, wie sie zusammenarbeiten müssen, um den Mitarbeitern Orientierung zu vermitteln.
- Die Mitarbeiter wissen, wie sie sich einbringen können, und regelmäßige Feedback-Schleifen führen zur kontinuierlichen Verbesserung des Intranets.

Tipps

- Die Fähigkeit von Menschen, sich zu verändern, und die Geschwindigkeit, mit der sie Neues aufnehmen und verarbeiten können, ist begrenzt. Deshalb brauchen Mitarbeiter angemessen Zeit, um einen Lernprozess durchschreiten zu können. Planen Sie diese notwendige Zeit ein, um Veränderungen durch das Intranet nachhaltig zu verankern.
- Die Unternehmenskultur prägt den Umgang mit Veränderung. Eine frühzeitige Beteilung der Mitarbeiter und die Strategie, „Betroffene zu Beteiligten" zu machen, sind beispielsweise Ausdruck einer veränderungsbereiten Unternehmenskultur. Seien Sie mutig und wagen Sie den Schritt zu einem offeneren Informations- und Kommunikationsstil in Ihrem Unternehmen. Nicht nur für das Intranet-Projekt wird dies von großem Nutzen sein, sondern auch bei zukünftigen Veränderungen. Denn alle positiven und negativen Erfahrungen der Mitarbeiter werden nicht nur individuell, sondern auch im kollektiven „Unternehmensgedächtnis" gespeichert.

5.4   Erfolgsfaktor Motivation

Motivation ist in der Managementliteratur häufig ein Zauberwort für mehr Leistung der Mitarbeiter. Nach dem Motto „zufriedene Kühe geben mehr Milch" soll der Einsatz und das Engagement gesteigert werden. Um nachhaltig eine hohe Akzeptanz und Nutzung des Intranets zu erreichen, ist allerdings eine Grundhaltung bei den verantwortlichen Akteuren notwendig, welche die Mitarbeiterbedürfnisse glaubhaft berücksichtigt. Um die Mitarbeiter zur Mitwirkung am Intranet glaubhaft zu motivieren und individuelle Demotivatoren auszuschalten, können zahlreiche Maßnahmen ergriffen werden, die auf den folgenden motivationstheoretischen Grundlagen aufbauen.

Motivation lässt sich differenzieren in eine primäre und sekundäre Variante. Die primäre Motivation ist dem Menschen angeboren. Beispielsweise sichern die Bedürfnisse Hunger, Durst, Luft, Licht, Wärme oder Schmerzvermeidung das Überleben. Die sekundäre Motivation wird dagegen durch den sozialen Umgang mit anderen Menschen erworben. Beispiele sind das Bedürfnis nach Anerkennung, Sicherheit, sozialen Kontakten und Aufmerksamkeit.

Zahlreiche Motivationstheorien beschäftigen sich mit unterschiedlichen Aspekten der Motivation. Die Inhalts- und Bedürfnistheorien befassen sich mit den Motiven, die Menschen zu einem bestimmten Handeln bewegen. Die bekanntesten Theorien sind die Maslow'sche Bedürfnispyramide und das Zweifaktorenmodell von Herzberg, das die extrinsische und intrinsische Motivation unterscheidet. Die extrinsische Motivation wird von außen bestimmt. Mitarbeiter lassen sich zu einem bestimmten Verhalten motivieren, wenn sie Vorteile erreichen oder Nachteile vermeiden können, etwa durch materielle Anreize, Statusveränderungen, Belohnungen, Prämien, Disziplinarmaßnahmen oder drohende Sanktionen. Von innen gesteuerte Motivation beruht im Gegensatz dazu auf selbstbestimmten Faktoren, zum Beispiel die Übertragung von Verantwortung, Entscheidungsfreiheit, Entwicklungsmöglichkeiten, Freude an der Arbeit oder Selbstverwirklichung. Prozesstheorien beschäftigen sich im Gegensatz zu den Inhalts- und Bedürfnistheorien mit kognitiven Vorgängen, die zwischen dem Motiv und dem aktiven Handeln der Mitarbeiter stehen. Kognitive Vorgänge sind beispielsweise die Sammlung von Faktenwissen, die kreative Anwendung von Wissen und das Lösen von Problemen.

Welche Anreize lassen sich nun schaffen, um die Mitarbeiter zur aktiven Nutzung des Intranets zu bewegen?

Mitarbeiterjahresgespräch und Leistungsbeurteilung
Führungskräfte können aktiv die Arbeit mit dem Intranet als Bewertungskriterium im Mitarbeiterjahresgespräch oder der Leistungsbeurteilung aufnehmen. Wer das Medium nutzt und Wissen zur Verfügung stellt kann durch eine positive Bewertung belohnt werden. Darüber hinaus kann ein Teil des Gehalts von der Wissensweitergabe des Mitarbeiters im Intranet abhängig gemacht werden.

Vorbild Führungskraft

Die Führungskraft sollte unbedingt als motivierendes Beispiel vorangehen. Nur wenn Mitarbeiter Führungskräfte erleben, die voll und geschlossen hinter dem Intranet stehen, werden sie das Medium auch mit eigenem Eifer benutzen. Die mittlere Führungsebene, in Veränderungsprozessen auch oft als „Lehmschicht" bezeichnet, spielt eine wichtige Vorreiterrolle bei der Motivation. Das Thema Intranet sollte daher in Meetings und Mitarbeitergesprächen immer wieder aufgegriffen werden.

Vorsprung durch Wissen

Mitarbeiter, die einen Wissensvorsprung erleben, wenn sie das Intranet nutzen, werden motiviert sein, es intensiver zu nutzen. Der Mehrwert muss für die Mitarbeiter klar erkennbar sein. Ein Intranet, das viel Wissen und aktuelle Informationen bietet, wirkt motivierend und einladend. Zu überlegen ist auch, welche Information ausschließlich im Intranet bereitgestellt wird und ab welchem Zeitpunkt redundante Informationswege eingestellt werden.

Definition von Zielen

Ein klares Ziel motiviert in der Regel Mitarbeiter, sich für den Erfolg zu engagieren. Ziele müssen aber – wie bereits weiter oben beschrieben – SMART formuliert werden. Für jede Abteilung oder jedes Team kann beispielsweise vorgegeben werden, wie viele Artikel, Berichte oder Nachrichten im Jahr mindestens ins Intranet gestellt werden sollen. Der aktuelle Stand kann regelmäßig im Unternehmen kommuniziert werden.

Veröffentlichung von Zugriffsdaten

Die Nutzungszahlen des Intranets sollten regelmäßig im Unternehmen publiziert werden. Es lässt sich eine Rangliste der am häufigsten aufgerufenen Seiten erstellen. Diese Transparenz kann bei den beteiligten Abteilungen oder Teams einen positiven internen Wettbewerb um die höchste Intranet-Nutzung auslösen.

Intranet-Star des Monats

Im Unternehmen lässt sich auch ein offizieller Wettbewerb starten. Auf der Basis der Nutzungszahlen oder der Qualität der bereitgestellten Inhalte kann ein Team oder ein Mitarbeiter als „Intranet-Star des Monats" ausgezeichnet werden. Der Sieger kann einen Preis oder einen Wanderpokal erhalten und das Ereignis kann gleichzeitig zur redaktionellen Berichterstattung genutzt werden.

Bewertung der Inhalte

Die bereitgestellten Inhalte lassen sich durch die Nutzer bewerten. Kategorien können beispielsweise sein: hilfreich für die Arbeit, spannend zu lesen, sehr informativ, interessant geschrieben oder hoch aktuell. Die Autoren erhalten auf diesem Weg Feedback und im positiven Fall auch Anerkennung. Gleichzeitig können die Bewertungen für alle Intranet-Nutzer hilfreiche Hinweise auf die Qualität des Inhalts bieten.

Prämieren und Umsetzen von Ideen

Mitarbeiter sollten im Intranet die Möglichkeit haben, per Mausklick gute Ideen oder Verbesserungsvorschläge einzugeben. Und dies nicht nur während der Einführung des neuen Mediums, sondern gerade auch im späteren Regelbetrieb. Mitarbeiter, deren Ideen prämiert und umgesetzt werden, sind hochmotiviert, Neues zu generieren und können anderen als Vorbild dienen.

Zugang zu Benutzergruppen

Mitarbeiter, die Zugang zu speziellen Benutzergruppen bekommen, genießen einen Vertrauensstatus, der sie motiviert, das Intranet vermehrt zu nutzen. Die geschlossenen Benutzergruppen können zudem Zusatzinformationen bieten, die auf klassischen Informationswegen nicht zu erhalten sind.

Zeitersparnis und individuelle Vorteile

Workflow-Anwendungen unterstützen den Ablauf von Verwaltungs- oder Arbeitsprozessen und ermöglichen zum Beispiel eine Zeitersparnis. Wird dieser individuelle Vorteil erkannt und das Intranet als ein Instrument zur Arbeitserleichterung wahrgenommen, kann dies hochmotivierend für Mitarbeiter sein.

Transparenz über Vorgänge und Planungen

Mitarbeiter nutzen das Intranet, wenn sie spannende Einblicke in das Unternehmensgeschehen gewinnen können. Videoübertragungen wichtiger Ereignisse oder Live-Chats mit der Unternehmensführung ermöglichen eine neue Transparenz im Unternehmen, die Unsicherheiten bei den Mitarbeitern ausräumen kann.

Special Services im Intranet

Oft sind es die einfachen Dinge, die Mitarbeiter zur Nutzung des Intranets motivieren. Der aktuelle Speiseplan im Netz, eine Tauschbörse, der Börsenkurs, die Wettervorhersage oder Radarwarnungen in der Umgebung versprechen den

Mitarbeitern einen unmittelbaren Nutzen. Diese Einstiegsseiten können genutzt werden, um zum Weiterstöbern im Intranet anzuregen und arbeits- und unternehmensbezogene Inhalte zu positionieren. Grundsätzlich gilt es, den Nutzen des Intranets für den einzelnen Mitarbeiter immer wieder herauszustellen.

Personalisierung der Inhalte

Ein zusätzlicher Anreiz zur Nutzung des Intranets besteht, wenn sich die Inhalte personalisieren lassen. Nicht alle Informationen sind für sämtliche Mitarbeiter gleichermaßen interessant. Die Möglichkeit, Inhalte im Intranet zu selektieren, kann die Informationsflut eindämmen und die Nutzungsmotivation erhöhen. Ein rollenorientiertes Zugangskonzept entwickelt das Intranet weiter zu einem Mitarbeiterportal, das gezielt die Mitarbeiterbedürfnisse nach Information und Kommunikation erfüllt.

In der Praxis ist der Grad zwischen Motivation und Demotivation häufig sehr schmal. Gut gemeinte Motivationsmaßnahmen können leicht das Gegenteil bewirken, wenn sie schlecht vorbereitet sind, Ziele unklar bleiben und mangelhaft kommuniziert werden. Darüber hinaus sollten nicht nur Nutzungsanreize gegeben, sondern Demotivatoren auch unbedingt vermieden werden. Die wichtigsten sind:

Fehlende Begründungen

Ein Engagement der Mitarbeiter sollte niemals ohne Begründung abgelehnt werden. Bringen sich Mitarbeiter durch Ideen oder Verbesserungsvorschläge ein, so ist auf jeden Fall bei der Nichtberücksichtigung eine Begründung anzugeben. Es sollte stets eine hohe Wertschätzung des Mitarbeiters zum Ausdruck kommen.

Mangelnde Anerkennung

Vorschläge oder Ideen von Mitarbeitern sollten niemals ohne eine Würdigung aufgegriffen und weiterverfolgt werden. Mitarbeiter reagieren enttäuscht, wenn sie entdecken müssen, dass ihr Engagement nicht anerkannt wird und sich vielleicht sogar andere mit „fremden Federn schmücken".

Verlust von Vertrauen und Glaubwürdigkeit

In Veränderungsprozessen müssen teilweise auch unangenehme und harte Entscheidungen getroffen werden. Diese dürfen nicht leichtfertig wegdiskutiert oder beschönigt werden, um Vertrauen und Glaubwürdigkeit bei den Mitarbei-

tern nicht zu riskieren. Fehlt die Kommunikationsbasis zwischen den Projektverantwortlichen und Mitarbeitern, können auch Motivationsmaßnahmen nicht
mehr greifen.

Mehrdeutige Kommunikation
Die Projektbeteiligten, Führungskräfte und die Geschäftsleitung sollten mit
„einer Stimme" sprechen. Vorgesetzte, die sich gegenüber ihren Mitarbeitern
kritisch über das Intranet äußern, erzeugen Widersprüche und Demotivation.

Tipps

- Motivation ist komplex. Die Motivation zur Nutzung des Intranets ist nicht nur von
  den Leistungen des neuen Mediums abhängig, sondern auch von der Unternehmenskultur, dem Betriebsklima und der allgemeinen Stimmung und den Erfahrungen der Mitarbeiter.
- Motivation lässt sich nicht speichern. Ergreifen Sie daher regelmäßig Motivationsmaßnahmen und versuchen Sie, die Mitarbeiter immer wieder neu für das
  Intranet zu begeistern. Achten Sie auch auf neue Mitarbeiter, die ebenfalls für
  die Intranet-Nutzung zu gewinnen sind.
- Motivation ist Beziehungsarbeit. Verdeutlichen Sie sich das Verhältnis zu den
  Mitarbeitern und überlegen Sie, wie die Zusammenarbeit im Unternehmen verbessert werden kann.
- Motivation ist innengesteuert langfristig erfolgreicher. Versuchen Sie nicht nur
  die äußeren Rahmenbedingungen der Intranet-Nutzung zu verbessern, sondern
  zeigen Sie den Mitarbeitern auch Beteiligungsmöglichkeiten, Entscheidungsspielräume und individuelle Entwicklungsperspektiven auf.

6. Qualitätsmanagement

Ein Intranet muss sich hinsichtlich Aufmachung und Inhalt nicht gleich an den bekannten und etablierten Internet-Angeboten von Verlagen oder Rundfunkanbietern messen lassen. Trotzdem erwarten die Nutzer eine ansprechende Gestaltung und angemessene Qualität der Inhalte. Dem Qualitätsmanagement kommt eine entscheidende Bedeutung für den längerfristigen Erfolg des Intranets zu. Schlecht gepflegte Seiten mit veralteten Inhalten, nicht funktionierende Arbeitsprozesse und eine umständliche Navigation schrecken die Mitarbeiter von der Nutzung des neuen Mediums ab. Notwendig ist daher ein kontinuierliches Qualitätsmanagement, das „Kundenanforderungen" erfüllt, Inhalte weiterentwickelt und kontinuierliche Verbesserungsprozesse initiiert. Im Mittelpunkt der Bemühungen steht daher wieder der Mitarbeiter als „Kunde" des Intranets.

6.1 Qualität der Inhalte und Prozesse

Unterschiedliche Qualitätsaspekte können bei einem Intranet-Auftritt betrachtet werden. Die Qualität der Inhalte bringt zum Ausdruck, ob das Intranet den Informations- und Kommunikationsbedürfnissen der Nutzer gerecht wird. Die Prozessqualität des Intranets ist dagegen ausschlaggebend für die Güte der Abläufe, die zum einen zur Nutzung des Mediums notwendig sind und in die zum anderen das Intranet im Unternehmen eingebunden ist.

In welchen Dimensionen nehmen die Mitarbeiter die Qualität von Intranet-Angeboten wahr? Welche Qualitätskriterien sind bei der Intranet-Nutzung wichtig und spielen für den Gebrauch des Intranets eine Rolle?

Die Qualität der Intranet-Inhalte kann sich an publizistischen Professionalitätskriterien orientieren. Zahlreiche Kriterien, wie die Nutzer aktuell, umfassend und verständlich zu informieren, genau zu recherchieren, sachlich richtig zu berichten, Zusammenhänge aufzuzeigen oder das aktuelle Geschehen im Unternehmen verständlich zu machen, geben Hinweise auf die Qualität. Wichtig ist aber auch, die richtigen Themen zu erkennen und aufzugreifen, die verschiedenen publizistischen Darstellungsformen zu beherrschen und für Vielfalt im

Intranet zu sorgen. Ein Qualitätsaspekt besteht auch darin, ob das Intranet einen Dialog mit den Nutzern ermöglicht, welche Services angeboten werden und ob über das unternehmerische Geschehen umfassend und, soweit möglich, kritisch berichtet wird. Das Intranet sollte grundsätzlich das öffentliche Leben im Unternehmen repräsentieren, dabei die Perspektive der Intranet-Nutzer einnehmen und für diese einen unmittelbaren Nutzwert besitzen.

Mit dem Intranet soll den Nutzern zudem ermöglicht werden, sich in einer immer komplexeren (Arbeits-)Welt zu orientieren. Ein wichtiger Qualitätsaspekt besteht daher in der Erfüllung einer Orientierungsfunktion.

Die Qualität der Inhalte zeigt sich an den Abrufzahlen der einzelnen Intranet-Seiten. Damit lässt sich allerdings nur feststellen, wie groß das Interesse der Nutzer an dem jeweiligen Content ist. Aussagekräftigere Kriterien für die Qualität der Inhalte können unter anderem sein:

- Nutzen und Gebrauchswert
- Informationsgehalt und Wissensanteil
- Aktualität und Neuigkeitswert
- Verständlichkeit
- Sachliche Richtigkeit
- Transparenz von kausalen Zusammenhängen
- Vollständigkeit und Ausführlichkeit
- Transparenz von Quellen
- Vielfalt der Themen und Meinungen
- Multimedialität
- Erkennbarkeit des Autors, um die Glaubwürdigkeit und Vertrauenswürdigkeit einzuschätzen
- Interaktivität und Feedbackmöglichkeiten
- Anteil von Meinungsbeiträgen
- Kontinuität und Nachhaltigkeit der Berichterstattung
- Orientierung an den Interessen der Nutzer
- Anteil der von Mitarbeitern bereitgestellten Inhalte
- Angebotene Zusatzservices für die Nutzer

Die Qualität der Intranet-Prozesse verdeutlicht, wie die Nutzer mit dem Medium im Unternehmen arbeiten können. Betrachtet werden kann beispielsweise der Prozess, wie sich Inhalte bereitstellen lassen und welche internen Abstimmungsvorgänge notwendig sind. Aber auch die Usability und die Strukturierung von Arbeits-, Informations- und Kommunikationsprozessen im Intranet lässt sich untersuchen. Kriterien für die Prozessqualität sind beispielsweise die Dauer und Durchlaufzeit von Prozessen, Fehlerhäufigkeiten oder der Grad der Informiertheit der Mitarbeiter.

6.2 Kontinuierliche Verbesserungsprozesse

Das Intranet wurde erfolgreich im Unternehmen eingeführt. Ein großer Schritt in der Entwicklung des Unternehmens und auch der Mitarbeiter wurde gemeinsam bewältigt. Nun geht es darum, die kreativen Ressourcen aller im Unternehmen für einen kontinuierlichen Verbesserungsprozess (KVP) des Intranets zu nutzen.

Die Methode des kontinuierlichen Verbesserungsprozesses geht auf das japanische Managementprinzip des Kaizen (KAI = Veränderung, ZEN = zum Besseren) zurück. Hierbei werden positive Veränderungen im Unternehmen nicht in großen Sprüngen, sondern durch viele kleine Verbesserungen herbeigeführt. Die Mitarbeiter sollen ihr Wissen zu den Arbeitsabläufen und ihrem Arbeitsplatz in die Intranet-Plattform einbringen und damit Veränderungen in Gang setzen. Die Verbesserungsvorschläge der Beschäftigten werden durch eine systematische Projektorganisation unterstützt. Der kontinuierliche Verbesserungsprozess stellt damit die Mitarbeiter als potenzielle Träger des Wandels in den Mittelpunkt und trägt der Idee Rechnung, dass der notwendige, ständige Erneuerungsprozess im Unternehmen nicht nur von oben nach unten verläuft, sondern vor allem auch von den Beschäftigten mitgetragen und mitgestaltet werden muss. Das Erfolgsrezept dieses Ansatzes liegt in der Möglichkeit der Beschäftigten, selbst etwas ändern zu können. Ein erfolgreicher Verbesserungsprozess „vitalisiert" die gesamte Organisation und im besten Fall sind die Verbesserungsprozesse eingebettet in das vorhandene Qualitätsmanagementsystem des Unternehmens.

Der kontinuierliche Verbesserungsprozess eines Intranets kann auf unterschiedliche, bereits etablierte Maßnahmen aufbauen und diese verknüpfen:

- **Betriebliches Vorschlagswesen:** Als ältestes Instrument des Qualitätsmanagements richtet es sich an jeden einzelnen Mitarbeiter im Unternehmen. Auf speziellen Formularen können Mitarbeiter Vorschläge zur Verbesserung des Intranets einreichen. Diese werden von Experten und Gremien geprüft und bewertet. Bei Annahme und Verwirklichung gibt es nach vorher definierten Richtlinien eine Honorierung für die Mitarbeiter. Die Einreichung von Gruppenvorschlägen ist in der Praxis eher die Ausnahme.

- **Qualitätszirkel:** Sie setzen bewusst auf die Ideenfindung von Gruppen. Gruppenvorschläge zum Intranet sind oftmals effektiver und ihre Wirkung auf das Betriebsklima nachhaltiger, da diese bereits aus einer Teamperspektive entwickelt wurden und eine größere Solidarität zu erwarten ist. Die Honorierung erfolgt ähnlich dem Betrieblichen Vorschlagswesen allerdings mit dem Unterschied, dass die Prämie den Gruppen zufließt und diese den Betrag unter sich individuell aufteilen.

- **Temporäre, interdisziplinäre Projektteams:** Sie arbeiten zeitlich begrenzt an der Verbesserung einer konkret definierten Intranet-Problemstellung. Ist das Problem zur Zufriedenheit gelöst, beendet auch das Projektteam seine Arbeit. Die Lösungen und Ideen des Projektteams werden in der Regel nicht finanziell vergütet.

Ein funktionierender Verbesserungsprozess verlagert die Verantwortung für wertschöpfende Prozesse auf die Mitarbeiter, die als Unternehmer im Unternehmen eigenverantwortlich handeln. Entscheidend für den Erfolg ist die Initiative der Führungskräfte und das Engagement der Mitarbeiter mit dem Ziel, eine Verbesserungs- und Lernkultur zu etablieren. Im Einzelnen bestehen folgende Anforderungen an Führungskräfte und Mitarbeiter:

Führungskräfte müssen ...

- ... die kontinuierliche Verbesserung des Intranets bei den Mitarbeitern fördern und auch einfordern. Sie steuern den Verbesserungsprozess und müssen sich an den Zielen orientieren.
- ... den Verbesserungsprozess vorleben und Vorbild sein. Die Notwendigkeit einer ständigen Verbesserung des Intranets muss immer wieder nach dem Motto *„Wer nicht rudert, treibt schnell zurück."* kommuniziert werden.
- ... ihre Mitarbeiter motivieren, sich aktiv am Verbesserungsprozess zu beteiligen. Die engagierte Teilnahme muss für den Mitarbeiter einen Mehrwert etwa durch Anerkennung oder Prämierung enthalten.

Mitarbeiter müssen ...

• ... im Mittelpunkt des kontinuierlichen Verbesserungsprozesses stehen. Der kompetente und kreative Mitarbeiter ist der tägliche Nutzer des Intranets und kennt die Tücken des neuen Mediums bezogen auf die Anforderungen seiner Arbeit am besten.

• ... Ideen und Potenziale für Leistungssteigerungen des Intranets freisetzen.

• ... offen und bereit sein, im kontinuierlichen Verbesserungsprozess mitzuarbeiten.

• ... für ihre Ideen und Verbesserungsvorschläge gewürdigt werden und deren Umsetzung sollte Teil eines leistungsbezogenen Entgeltsystems sein.

Wie kann nun konkret die Qualität des Intranets gesichert und kontinuierlich verbessert werden? Welche Regelkreise zur Optimierung können entwickelt werden, um das Intranet immer auf dem neuesten Stand und für die Mitarbeiter attraktiv zu halten? Um kontinuierliche Verbesserungsprozesse systematisch zu praktizieren, ist es notwendig, folgende grundlegende Schritte zu durchlaufen:

• Fundierte systematische Analyse der Schwachstellen des Intranets
• Bewerten der Intranet-Schwachstellen
• Entwickeln von alternativen Intranet-Lösungen
• Bewerten der erarbeiteten Intranet-Lösungen
• Erarbeiten eines Umsetzungsplans
• Schnelle, eigenverantwortliche Umsetzung der favorisierten Lösung und begleitendes Controlling

Ein Unternehmen kann heute dann erfolgreich sein, wenn jeder Mitarbeiter bewusst eine Mitverantwortung für die Qualität der Produkte oder Dienstleistungen und für ihre Verbesserung trägt. Eine solche Haltung des *„Wir wollen immer besser werden"* kennzeichnet der Plan-Do-Check-Act- oder kurz PDCA-Zyklus, der von dem amerikanischen Managementprofessor William Edwards Deming entwickelt wurde. Der PDCA-Zyklus ist eines der wichtigsten Instrumente zur ständigen Verbesserung. Er beschreibt eine logische Sequenz von vier Wiederholungsschritten, die zu Verbesserungen und Lernfortschritten führen: planen, ausführen, überprüfen und verbessern (Abbildung 24).

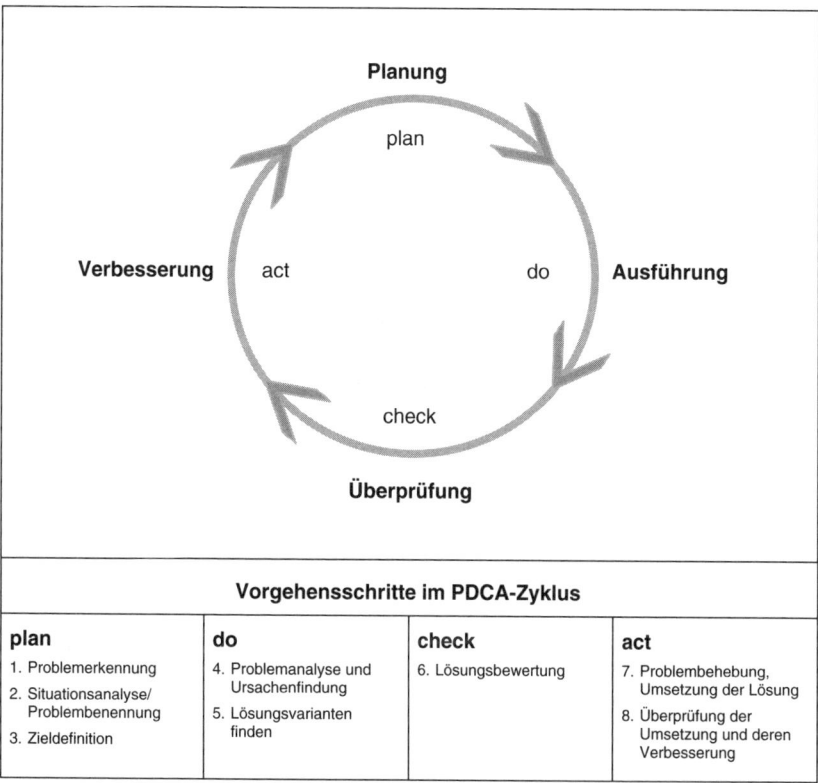

Abbildung 24: Der PDCA-Zyklus

Um ein Scheitern geplanter Verbesserungen zu verhindern, gilt es, einige Stolpersteine aus dem Weg zu räumen. Diese können sein:

- Fehlende Motivation der Mitarbeiter, sich mit dem Intranet zu beschäftigen
- Fehlende Unterstützung durch Führungskräfte
- Komplizierte Organisationsstrukturen, insbesondere Verantwortlichkeiten und Kompetenzen
- Unzureichende Qualifizierung der in den Verbesserungsprozess involvierten Personen
- Fehlende Zeit für Verbesserungsaktivitäten wie gezielte Intranet-Workshops

- Fehlende Anreize zur kontinuierlichen Verbesserung
- Kein Feedback auf Ideen der Mitarbeiter
- Lange Umsetzungszeit von Vorschlägen und Ideen der Mitarbeiter

Der kontinuierliche Verbesserungsprozess orientiert sich an den Mitarbeitern und stellt diese in den Mittelpunkt. Gefragt sind hierbei nicht unbedingt die großen zusammenhängenden Ideen, sondern die Summe der kleinen Vorschläge der Beschäftigten, die im Arbeitsprozess durch ihre praktische Tätigkeit die Schwachstellen des Intranets erkennen und mögliche Probleme des Medieneinsatzes lösen können. In kleinen Schritten werden damit die Qualität und die Prozesse des Intranets durch die Mitarbeiter ständig optimiert. Um Erfolg zu haben, muss der Verbesserungsprozess nicht nur mitarbeiterorientiert sein, sondern er benötigt auch die volle Unterstützung des Managements.

Tipps

- Schaffen Sie materielle oder immaterielle Anreize für Qualitätsverbesserungen des Intranets. Etablieren Sie eine Lern- und Verbesserungskultur im Unternehmen.
- Führungskräfte müssen Vorbild sein und Verbesserungsprozesse aktiv unterstützen.
- Verlagern Sie die Verantwortung für die Intranet-Qualität auf die Mitarbeiter. Sie müssen das neue Medium als „ihr" Medium begreifen und sich für die Qualität einsetzen.
- Mitarbeiter sollten das Intranet nicht nur problemorientiert beurteilen. Wichtig ist, im Unternehmen ein Bewusstsein für Lösungen zu etablieren.

7. Praxisbeispiele

Ob Portal, Wissensmanagement, Webcast oder Werkzeugkasten, die Einsatz-
möglichkeiten eines Intranets in Unternehmen sind äußerst vielfältig. Aus den
nachfolgenden Praxisbeispielen wird deutlich, wie einzelne Intranet-
Anwendungen zum Unternehmenserfolg beitragen und die Mitarbeiterkommunikation verbessern können.

Thomas Mickeleit, Nina Böttger [*]

7.1 Kein Mitarbeiter lebt auf einer Insel – wie Volkswagen die Kommunikation wertschöpfend vernetzt

Unzählige Mails werden im Volkswagen-Konzern mit seinen 340.000 Mitarbeitern täglich verschickt und empfangen. Im Intranet der Marke Volkswagen
stehen 1,2 Millionen Seiten. Und nimmt man nur einige der internen Medien wie
die Mitarbeiterzeitschrift „autogramm" und das Mitarbeiterfernsehen „CarScene
TV" dazu, bleibt festzustellen: Nicht der Mangel, sondern im Gegenteil, ein
Überschuss an Information ist heutzutage die Herausforderung in der Kommunikation des Unternehmens mit seinen Mitarbeitern. Schließlich ist die Zeit, die
ein Mitarbeiter auf das Suchen und Filtern von Informationen verwendet, öko-
nomisch gesehen, verlorene Zeit. Der wirtschaftliche Erfolg basiert auf der
erfolgreichen und sinnvollen Kommunikation des Unternehmens mit den Mitarbeitern und der Mitarbeiter untereinander.

---

[*] Thomas Mickeleit leitet in der Konzernkommunikation von Volkswagen die Unternehmenskommunikation. Nina Böttger ist in der Internen Kommunikation die Projektverantwortliche zur Einführung des Intranet-Portals.

Kreativer Wildwuchs: das Intranet bei Volkswagen

Wie bei vielen Unternehmen startete auch bei Volkswagen das Intranet in den neunziger Jahren, größtenteils getrieben und gepflegt von der IT. Ihre Inhalte machen denn auch einen großen Teil der heutigen Intranet-Seiten aus. Seitdem wuchs das Intranet als „wilde Pflanze" mit immer zahlreicheren Verzweigungen. Die Folge: Laut einer aktuellen Untersuchung liegen manche Inhalte auf der 35. Ebene – das heißt, 35 Klicks sind nötig, um zu ihnen zu gelangen. Zieht man in Betracht, dass der durchschnittliche User höchstens drei Klicks akzeptabel findet, wundern die niedrigen Besucherzahlen solcher Seiten nicht. Denn während die Startseite mit den redaktionell von der Volkswagen-Kommunikation betreuten Inhalten täglich rund 60.000 Mal aufgerufen wird, liegen die Besuche bei mehr als 50 Prozent der ausgewerteten Intranet-Seiten nur im ein- oder zweistelligen Bereich. Viele Seiten – so haben Untersuchungen ergeben – werden niemals aufgesucht.

Dazu kommt, dass nicht nur vielfältige Inhalte, sondern auch verschiedene technische Lösungen – Programmierungen, Tools, Contentmanagementsysteme etc. – nebeneinander existieren, oftmals ohne miteinander kompatibel zu sein.

Für die Gestaltung gab es wenige Vorgaben, für den Aufbau von Strukturen gar keine. Das Ergebnis: Der Nutzer muss sich seine individuellen „Trampelpfade" durch das Intranet schaffen, um an teils nur schwer auffindbare „Informationsschätze" zu gelangen. Insgesamt bietet sich das Bild eines komplexen, weit verzweigten Puzzles mit Abertausenden an mehr oder weniger zusammenpassenden Teilen. Hat Volkswagen nun alles falsch gemacht? Klare Antwort: nein. Wie der „große Bruder", das Internet, benötigen auch Intranets ihren „Freiraum", um zu wachsen. Chaotische Prinzipien sind Erfolgsfaktoren zum Aufbau eines Intranets. Irgendwann stellt sich aber jedem Verantwortlichen die Frage:

Wie aber gelingt es, ein solches Puzzle so zusammenzufügen, dass alle Teile Wert schöpfend zusammenspielen? Die Herausforderungen an ein sinnvoll gestaltetes Intranet sind in den letzten Jahren immer wieder untersucht worden. Claus Hoffmann zeigte 2001 einen entscheidenden Erfolgsfaktor auf: „Ein wichtiges Ziel der befragten Kommunikationsverantwortlichen ist es, das Intranet möglichst benutzergerecht zu gestalten. Die Gesprächspartner sehen sich als ‚Anwalt des Benutzers'" (S. 264).

Die Aufgabenstellung an das Volkswagen-Intranet lautet deshalb: den Informations-Overflow überwinden. Die Informations- und Geschäftsprozesse sollen einfach und benutzerfreundlich gestaltet sein. Gleichzeitig ist die bereichsübergreifende Zusammenarbeit mit Hilfe der besten neuen Technologien zu fördern. Zentrale Herausforderungen sind die Bündelung von relevanten Informationen sowie die Schaffung einer strategischen Informationsarchitektur. Der sinnvolle Weg: die Entwicklung vom Volkswagen-Intranet zum Volkswagen-Portal.

Kontrolliertes Wachstum: das Volkswagen-Portal

Ein Portal ist eine technische und qualitative Weiterentwicklung eines Intranets. Die Möglichkeiten der Nutzung von innovativen Technologien in einem Portal sind umfassend: Verschiedene Stufen der Personalisierung ermöglichen eine optimierte Bereitstellung von Informationen. Eine Funktion, die das Zusammenstellen von individuellen Inhalten durch den Nutzer erlaubt, erleichtert den Zugang zu häufig nachgefragten Themen. Die Integration von Tools zur Zusammenarbeit, wie etwa Instant Messaging, Dokumenten-Management-Systeme oder Employee Self Services bieten die Möglichkeit zur Vernetzung von Arbeit über Raum- und Zeitgrenzen hinweg.

Anfang 2005 startete Volkswagen das Portal-Projekt. Sein Ziel: Aufbau einer zentralen Plattform und Konsolidierung aller bereits laufenden Projekte zu diesem Thema. Dabei arbeiten die verschiedenen Bereiche – IT, Fachbereiche mit Portal-Erfahrung, Wissensmanagement und Interne Kommunikation – eng zusammen.

Wie die verschiedenen Stakeholder zusammenwirken und sich organisieren, ist eine zentrale Weichenstellung für den Erfolg eines Portal-Projekts. Nicht selten scheitern sie an unterschiedlichen Zielsetzungen, zum Beispiel inhaltliche versus technische Aspekte. Die Stärke des Volkswagen-Portal-Projekts liegt – nach leidvollen Erfahrungen – in der klaren Struktur und Aufgabenzuordnung. Dabei beschränkt sich die Kommunikation nicht auf die Rolle des „Portal-Kunden" und Inhaltslieferanten, sondern wirkt selbst unmittelbar gestaltend in der Wertschöpfungskette. Die Interne Kommunikation entwickelt den Styleguide und die Navigation, ist für die sinnvolle Gestaltung einer Informationsarchitektur zuständig und hat im Portal-Betrieb die „Governance". Konkret heißt das, die inhaltlichen und gestalterischen Spielregeln für das Portal zu definieren, in allen Bereichen des Unternehmens einzuführen und die Portal-Inhalte zu steuern. Zwei Zielgruppen und Fragestellungen hat die Kommunikation dabei besonders im Blick: die Nutzer („Wie kommt der Nutzer schnell und bequem an relevante Information?") und die Redakteure bzw. Inhaltsanbieter („Wie lassen sich Funktionen und Inhalte einfach erstellen?"). Über allem stand und steht ein selbst gewählter Anspruch: Der Nutzer soll sich im Portal zuhause fühlen.

Um dies sicherzustellen, entstand der *Portalstyleguide* als eines der grundlegenden Regelwerke. Er legt im Interesse eines hohen Wiedererkennungswertes fest, wie die im Intranet angebotenen Funktionen aussehen und reagieren – und zwar für alle Seiten und Elemente. Das Design trägt schließlich maßgeblich dazu bei, ob und wie sich der einzelne Nutzer mit dem Portal und dem Unternehmen identifiziert. Zudem soll er das Portal als seine (einzige) Arbeits- und Informationsplattform betrachten – und nutzen. Dafür braucht er kurze Wege. Deshalb besitzt das Volkswagen-Portal eine so genannte *Layer-Navigation*. Diese Navigation ist dem Nutzer von seiner täglichen Arbeit mit Microsoft-Produkten – die Auswahlelemente zeigen sich als Drop Down-Menü – und von Internet-Seiten wie der Homepage von Volkswagen bekannt.

Die *Informationsarchitektur*, also eine Strukturierung der Portal-Inhalte, orientiert sich am Nutzer. Noch ist die Informationslandschaft des Intranets bei Volkswagen davon entfernt. Zwei Merkmale kennzeichnen sie: Schwierige Wege zu relevanten Informationen und viele parallele „Informationsinseln".

Zum einen hat jeder Fachbereich in der Regel eine oder mehrere Websites – abhängig von der Größe und Ausdifferenzierung des Bereichs. Sie enthalten oft aufwändig gestaltete Selbstdarstellungen mit Aufgaben und Ansprechpartnern. In dieser Struktur verstecken sich häufig die eigentlich wichtigen Informationen für den Nutzer wie die Stellenangebote im Unternehmen, Bestellformulare, Wörterbücher und Übersetzungshilfen oder Angebote aus den Mitarbeitershops.

Zum anderen entstanden in den letzten Jahren isolierte Arbeitsplattformen von einzelnen Bereichen (Beschaffungs-Portal, F&E-Portal). Diese Plattformen waren der Versuch, kleine Intranets für spezielle Zielgruppen zu schaffen, die dort Anwendungen für ihre tägliche Arbeit und aktuelle Informationen finden. Durch diese Plattformen sollten die Fachbereiche unabhängig vom zentralen Intranet werden. Die Folgen sind mehrfach verortete Inhalte und die entsprechend mehrfache Pflege.

Im zukünftigen Portal wird es dagegen eine einzige Plattform geben. Nur diese ermöglicht dem Nutzer, Informationen schnell aufzufinden und zu verarbeiten. Diesem Zweck dient ebenfalls das *rollenbasierte Konzept* des Portals, das den Arbeitsplatz des Einzelnen abbildet und ihn gleichzeitig optimal in das Unternehmensgeschehen einbindet. Konkret heißt das, dass der Mitarbeiter morgens seinen PC einschaltet – und damit im so genannten „anonymen Bereich" des Intranets landet. Sein Bildschirm zeigt ihm dann aktuelle Nachrichten, Daten und Fakten, allgemeine Unternehmensthemen, Servicethemen sowie Stellenangebote, Aktienoptionen, Renteninformationen etc. Im Unterschied zum Intranet werden diese Inhalte im Portal themenorientiert angeboten – nicht mehr nach Fachbereichen sortiert.

Meldet er sich mit seinem Benutzernamen an, kommt er in den personalisierten Bereich. Dort findet er alle Informationen, die er für seine persönliche Arbeit benötigt. Arbeitspezifische Tools – wie eine Lieferantendatenbank für einen Einkäufer – stehen ihm ebenso zur Verfügung wie Instrumente zur Zusammenarbeit mit anderen, zum Beispiel eine gemeinsame Dokumentenablage oder ein Zugang zu einem Online-Konferenz-Bereich. Darüber hinaus findet er eine Übersicht über seine Projekte sowie zahlreiche Fachdokumentationen. Nicht die Fachbereichszugehörigkeit bestimmt dabei die Inhalte des personalisierten Bereichs, sondern die tatsächlichen Arbeitsinhalte des Einzelnen. Arbeitet beispielsweise ein Mitarbeiter aus der Forschung & Entwicklung regelmäßig mit einer Anwendung aus der Beschaffung, so wird diese Teil seines personalisierten Bereichs.

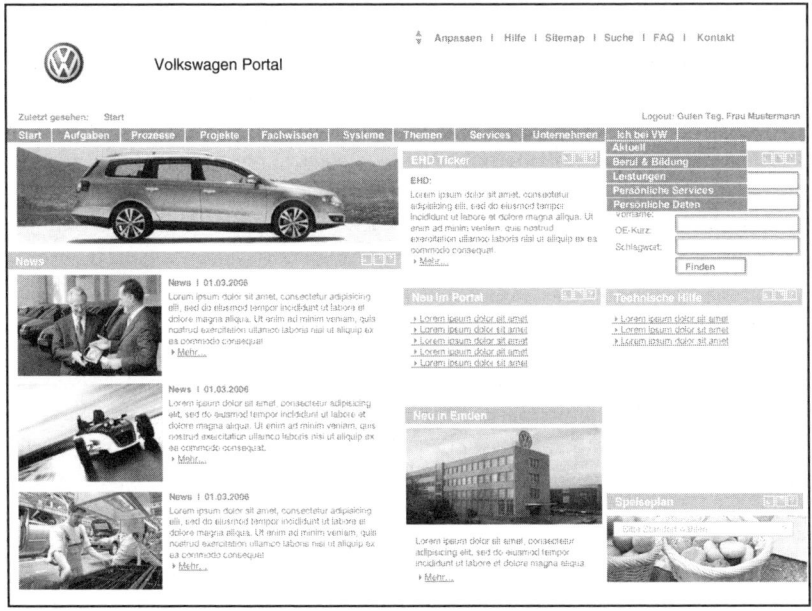

Abbildung 25: Künftige Startseite des Volkswagen Portals

Neben den eigentlichen Nutzern gibt es noch eine zweite Portal-Zielgruppe: die Redakteure. Für sie wurde ein einheitliches *Redaktionssystem* entwickelt. Mit einem Baukastensystem legt es zwar einerseits die grobe Struktur von Inhalten in einem Auftritt fest (Styleguide-konform), andererseits ermöglicht es dem Redakteur aber aufgrund seiner Modularität einen flexiblen Aufbau und die variable Gestaltung von Inhalten.

Coach und Schiedsrichter in einem – die Interne Kommunikation als Informationsmanager

Die technischen Möglichkeiten eines Portals können nur ausgeschöpft werden, wenn sich gleichzeitig mit der technischen eine organisatorische Entwicklung vollzieht. Grundvoraussetzung für ein funktionierendes Portal und seinen Wertschöpfungsbeitrag ist daher auch eine zentrale inhaltliche Steuerung. Die bisherigen Ausführungen lassen die Bedeutung, die dabei der Internen Kommunikation zukommt, bereits erahnen: Sie ist für die Umsetzung und Überwachung der aufgestellten Spielregeln verantwortlich – also Coach und Schiedsrichter in einem.

Die Interne Kommunikation entwickelt in einem Migrationsprojekt gemeinsam mit den verschiedenen Fachbereichen, wie sich die Inhalte neu aufbereiten und in das neue Portal übertragen lassen. Künftige Aufgaben werden sein: die Redakteure zu beraten, das Redaktionssystem weiterzuentwickeln und eine kontinuierliche Qualitätssicherung der Inhalte sicherzustellen. Denn nur ein vielfach genutztes Portal ist ein gutes Portal. Und ein gutes Portal bedeutet auch, gegenüber neuen Technologien und neuen Instrumenten offen zu sein.

Blogs und bewegte Bilder

Im Medien-Mix der Internen Kommunikation wird das Portal zum Leitmedium. Schon heute stellt das Intranet für die Mitarbeiter nach deren eigener Einschätzung die bedeutendste Informationsquelle dar. In dem Maße wie das Portal innovative Medien der Mitarbeiterkommunikation wie Corporate TV und/oder Blogs integriert, gewinnt es zusätzliche Relevanz bei der Vermittlung von Informationen und Wissen.

Das Mitarbeiterfernsehen „CarScene TV" ist bei Volkswagen bereits etabliert. Es bietet die Möglichkeit, in dem eher technisch nüchternen Umfeld des

Portals emotionale Werte zu vermitteln und Informationen unterhaltsam anzubieten („Infotainment"). Komplexe Sachverhalte lassen sich hier einfach und in einer den Usern verständlichen Weise darstellen. Die Identifikation der Mitarbeiter mit ihrem Unternehmen wird zudem durch Bewegtbildkommunikation entscheidend gefördert.

Auch Weblogs können ein weiterer wichtiger Baustein der Internen Kommunikation werden. Momentan zeigen sich deutsche Unternehmen – im Gegensatz zu amerikanischen – noch sehr zögerlich dabei, dieses Instrument einzusetzen. Doch dabei übersehen sie eine Chance: Weblogs unterstützen die aktive Informationssuche und ermöglichen die Bildung interpersonaler Netzwerke. Mit ihnen wird der Weg für eine stärker dialogorientierte Kommunikation bereitet – weg von der Unternehmensaussage hin zum Meinungsaustausch.

Erfolgsfaktoren Akzeptanz und Nutzung

Die große Herausforderung an eine Intranet- oder Portal-Entwicklung ist – wie bereits festgestellt – die Strukturierung und Steuerung der Inhalte. Es gilt, eine Balance zwischen dem Management der Inhalte und den Bedürfnissen der Nutzer zu finden. Die Akzeptanz und die Nutzung des Portals durch die Mitarbeiterinnen und Mitarbeiter sind dafür die entscheidenden Erfolgsbarometer. Bei aller Technikbegeisterung darf dabei nicht übersehen werden, dass erst die intensive Nutzung von weitgehend barrierefreien elektronischen Kommunikationsinstrumenten ein verstärktes Bedürfnis nach persönlicher Kommunikation auslöst. Das ist bei der Gestaltung des Medien-Mix in der internen Kommunikation von Unternehmen eine weitere Herausforderung, die durch den Trend zum verteilten, ort- und zeitunabhängigen Arbeiten wesentlich größer wird.

7.2 „Comin": Wissensmanagement der Mercedes-Benz Marketing-Kommunikation

Qualität, Faszination und Innovation – dafür steht die Marke Mercedes-Benz. Und diese Markenbotschaft soll weltweit immer besser wahrgenommen und intensiver erlebt werden. Eine integrierte Marketing-Kommunikation und ein weltweit einheitlicher Markenauftritt schaffen die Voraussetzungen, um die Position von Mercedes-Benz in den globalen Märkten zu stärken. Mitarbeiter aus rund 130 Ländern entwickeln für Mercedes-Benz Ideen, Kommunikationsmaßnahmen, Werbemittel und Marketingaktionen. Ein kreativer Wissenspool, der sich zur Weiterentwicklung und Stärkung des Marken- und Produktimages von Mercedes-Benz nutzen lässt. Klassische interne Kommunikationsmaßnahmen stoßen vor allem bei einem weltweiten Wissensmanagement schnell an ihre Grenzen. Mercedes-Benz setzt daher seit dem Jahr 2000 auf das Informations- und Kommunikationsmanagementsystem „Comin" und wechselte damit auf die Überholspur, so die Verantwortlichen Marina Salland-Staib und Torsten Wirtz, Senior Manager/Manager International Knowledge Management der Marketing-Kommunikation Mercedes-Benz PKW in Stuttgart.

Kommunikation mit Stern

Die Marketing-Kommunikation PKW bei Mercedes-Benz profitiert bei der weltweiten Markenkommunikation von einem internationalen Wissensmanagementsystem. Der Ressource Wissen und deren Austausch im weltweiten Marketing- und Kommunikationsverbund kommt eine zentrale Bedeutung beim Aufbau dauerhafter und aktiver Wettbewerbsvorteile zu. Der Verbund besteht aus den Spezialisten der zentralen Marketing-Kommunikation PKW, des Market Performance Centers, der Generalvertretungen und der Agenturen und Partner.

Bevor das „Communication Informations System", kurz „Comin", eingeführt wurde, mussten Informationen länderübergreifend gesucht, zusammengetragen und weitergegeben werden. Informelles Lernen von Kollegen und die Adaption von Kampagnen war aufgrund der fehlenden Information nur begrenzt möglich. Die Kollegen aus USA wussten beispielsweise nicht im Detail, welche Kampagnen in Südafrika oder Australien durchgeführt und welche Erfahrungen gemacht wurden.

Aus der Abteilung heraus kam daher die Idee auf, ein internes Informations- und Kommunikationssystem aufzubauen und hierbei die Internet-Technologie zum Wissensmanagement zu nutzen. Von Anfang an waren die Mitarbeiter die Kunden des Projekts und bis heute hat sich an der Haltung, ihre Informations- und Kommunikationsbedürfnisse mit „Comin" bestmöglich zu erfüllen, nichts geändert. Ziel von „Comin" ist es, Wissen möglichst schnell, gesamtheitlich und wertschöpfend für alle Beteiligten nutzbar zu machen. Aber auch die ständige Weiterentwicklung der Leistungsfähigkeit der Marketing-Kommunikation hinsichtlich Qualität, Zeit und Kosten/Mitteleinsatz ist wichtig. Hieraus ergab sich die Herausforderung, ein Informationssystem und interne Prozesse zu schaffen, die die relevanten Informationen zur richtigen Zeit und in der richtigen Weise weltweit verfügbar machen.

Comin – Steigen Sie ein

Der Name „Comin" ist Programm: Nicht nur Kommunikations- und Informationsangebote sollen bereitgestellt werden, vielmehr soll die Plattform als Aufforderung „Come inside" auch den Nutzern konkrete Anreize bieten, einzusteigen und sich aktiv zu beteiligen. Doch welche Informationen bietet „Comin"?

In „Comin" finden sich passwortgeschützt alle relevanten Informationen, die die Mitarbeiter für ihre tagtägliche Arbeit brauchen. Diese werden aus erster Hand und immer auf dem aktuellen Stand, weltweit und rund um die Uhr bereitgestellt. Zentrales Ziel ist es, das gesamte Wissen der Mercedes-Benz Marketing-Kommunikation PKW bereitzustellen. Folgende Rubriken gibt es:

- **Home:** Die Startseite zu allen Informationen und mit aktuellen, redaktionellen Berichten.
- **International Information:** Vielfältige Mitteilungen aus der Zentrale, rund um „Comin", zum Star Award, Agentur- und Marktporträts sowie Awards für Marketing-Kommunikationsmaßnahmen.
- **Brand & BDS:** Positionierung der Marke, die Markenstrategie und das Brand Design System (BDS).
- **Strategies & Standards:** Die aktuellen Kommunikationsstrategien und Guidelines: Hier finden sich alle Informationen, die weltweit zur Planung und Durchführung von Kommunikationsmaßnahmen benötigt werden.

- **Products & Themes:** Von der A-Klasse bis zur S-Klasse, von „Fashion" bis Technologieführerschaft: Aktuelle Informationen für die Kommunikationsarbeit.
- **Communication:** Strategien und Standards, welche die Arbeit leichter machen. In „Activities Overview" ist zu sehen, was die Zentrale und die Märkte planen. Unzählige Marketingmaßnahmen aus den weltweiten Märkten sind aufgeführt, von Advertising bis zu Below-the-Line-Maßnahmen.
- **Calendar:** Der interaktive Kalender mit den Terminen der Mercedes-Benz Marketing-Kommunikation.
- **Adaptations:** Vielfältige Suchmöglichkeiten nach Kampagnen, um diese zu adaptieren.
- **Links:** Weitere relevante, vernetzte Informationsangebote im DaimlerChrysler-Konzern.

Beiträge in „Comin" können täglich direkt von den verschiedensten Standorten online und in englischer Sprache eingegeben werden. Sie werden nach einer wöchentlichen Online-Redaktionssitzung durch ein virtuelles Redaktionsteam freigeschaltet und stehen dann zeitgleich allen Nutzern, entsprechend ihrer Zugriffsberechtigung, ganz oder teilweise zur Verfügung. Per E-Mail-Newsletter werden die aktuellen Informationen unter den Nutzern auch aktiv verteilt.

Konzept und Architektur des Systems sind so ausgelegt, dass eine Anbindung weiterer Partnerbereiche, Unternehmenseinheiten und Vertriebsebenen möglich ist, wodurch erhebliche Synergie-Effekte für das Gesamtunternehmen entstehen. Die Gestaltung der Startseite zeigt Abbildung 26.

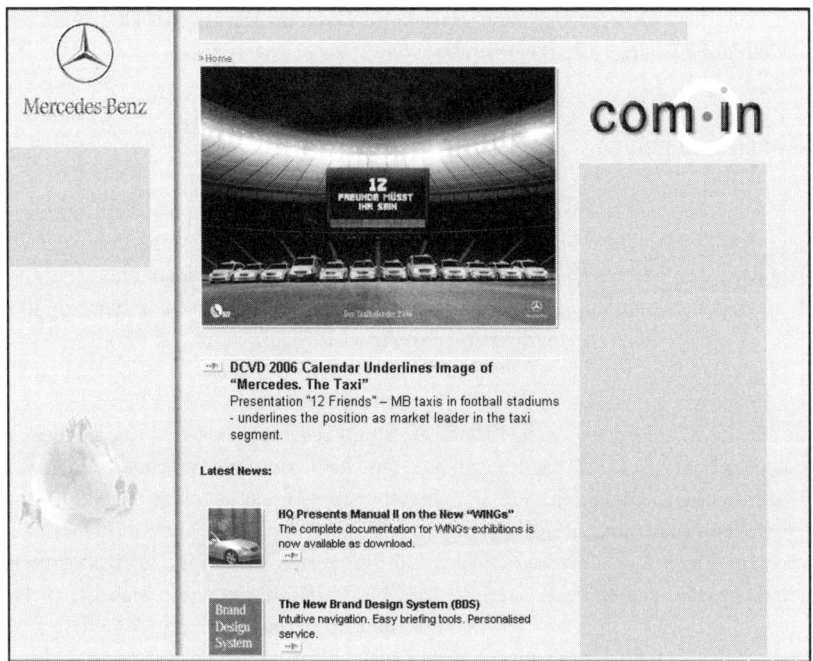

Abbildung 26: Startseite „Comin" Mercedes-Benz PKW

Strategisch zum Erfolg

„Comin" bietet als zentrale Wissensplattform den Nutzern nicht nur umfassende Informationen mit einem hohen Nutzwert, sondern auch die Möglichkeit, Marketing- und Kommunikationsmaßnahmen optimal zu planen und vom Wissen und den Ideen von Kollegen zu profitieren. Damit lässt sich die Qualität der Maßnahmen erhöhen, Zeit sparen und Kosten senken.

Auf so genannten „Special Sites" liegen alle relevanten Planungsinformationen zum frühestmöglichen Termin bereit und werden laufend aktualisiert: Strategien, Briefings und Maßnahmen der Zentrale. Über spezielle „Orderforms" können fertige Kampagnenmaßnahmen angefordert werden – von der Printkampagne bis zum Produktvideo. Eine Multimedia-Datenbank ist hierfür eine relevante Quelle für Bilder, Videos, Stories, Katalogfotos und Archivmaterial

zum Sichten, Downloaden und Bestellen. Was die Märkte aktuell planen ist
zudem auf Planungs-Charts ersichtlich.

Geben und nehmen

„Comin" ist keine Einbahnstraße, aus der nur einseitig und passiv Informationen von den Nutzern abgerufen werden. Die Plattform zum Wissensaustausch
lebt von den aktiven Beiträgen aller direkt betroffenen internen und externen
Kollegen der Marketing-Kommunikation. Die Mitarbeiter selbst machen das
interaktive Medium zu einem wertvollen Arbeitsinstrument in der Praxis.

Entscheidend für die erfolgreiche Integration von „Comin" als aktiv genutztes Portal ist die zügige und kontinuierliche Eingabe von attraktiven Beiträgen
durch die Kollegen weltweit. Das Wissen und die Erfahrungen in den Köpfen
sollte sich in „Comin" wiederfinden. Dann kann organisatorisches Lernen im
Unternehmen stattfinden und es können Kampagnen in einer bislang nicht
vorstellbaren, kreativen Qualität durchgeführt werden. Aber auch die Übernah-
me von Ideen und Kampagnen innerhalb kürzester Zeit führt zu produktiven
Effekten, die nachhaltig Kosten senken. Durch Comin verkürzt sich beispielsweise die Entwicklungszeit von Kampagnen im Schnitt um zehn Wochen. Die
weltweiten Entwicklungsbudgets konnten allein im Jahr 2004 um rund 20 Prozent reduziert werden. Wichtig für die Akzeptanz der Plattform ist, dass die
eingesparten finanziellen Mittel den beteiligten Unternehmenseinheiten weiterhin zur Verfügung stehen, um ihre Marketingziele noch besser zu erreichen,
beispielsweise indem der Mediadruck einer Kampagne erhöht wird.

Die aktive, aber auch die passive Nutzung wird durch eine klare und funktio-
nelle „Usability" der Plattform unterstützt. Spezielle „Entry Forms" ermöglichen auf „Comin" einen einfachen Eingabevorgang. Gleichzeitig wird die Information einheitlich strukturiert und durch Meta- und Hintergrundinformationen leicht auffindbar. Beispielsweise sind bei der Eingabe anzugeben, welche
Kommunikationsgruppen und Region angesprochen sind, welches Themenfeld
und Produkt behandelt wird und ob es sich bei der Eingabe um eine Adaption
einer anderen Kampagne handelt. Direkt auf der Homepage befindet sich die
systematische Suche „Quick Find", die es ermöglicht, Beiträge gezielt nach
Märkten, Produkten, Kommunikationsmaßnahmen und Themen zu recherchieren.

Aber auch Kommunikation wird auf „Comin" groß geschrieben. Auf
Knopfdruck kann man innerhalb des Systems direkt per E-Mail Kontakt mit

Verantwortlichen, Ansprechpartnern und Autoren aufnehmen, um Fragen zu stellen und weitere inhaltliche Details zu erfahren.

Soft Factors und Star Award

Um „Comin" zum Erfolg zu führen, ist es notwendig, dass die Nutzer ein klares Verständnis von der Plattform und der erforderlichen Zusammenarbeit bei der weltweiten Marketing-Kommunikation haben. Diesen „Soft Factors" wird dadurch Rechnung getragen, dass in persönlichen Schulungen, Workshops und Kontakten diese Themen und Fragestellungen diskutiert werden und Vertrauen gefördert wird. Darüber hinaus wird im täglichen Umgang miteinander und bei der Lösung von Zielkonflikten eine stabile, tragfähige Basis für die Zusammenarbeit geschaffen. Dies fördert die Bereitschaft, weltweit über „Comin" Wissen zu teilen und erfolgreich einzusetzen – ganz im Sinne von „Share to Win".

Mit dem jährlichen „Mercedes-Benz Star Award" werden gezielt Anreize und Motivation für die aktive Nutzung von „Comin" gesetzt und die weltweite Markenkommunikation selbstkritisch reflektiert. Ziel ist es, den internen Wettbewerb um kreative, strategisch zielführende Kommunikationsmaßnahmen zu fördern. Der „Star Award" ist zudem Bestätigung und Ansporn für die Mitarbeiter, sich für einen konsistenten, globalen und integrierten Kommunikationsauftritt einzusetzen. Jedes Team erhält die Möglichkeit, nach Kategorien – von Print, Internet über Messen, Events, Relationship Marketing bis hin zu Retail Marketing-Kommunikation, Integrierter Marketingkommunikation und Adaptionen – einzelne Kommunikationsmaßnahmen über „Comin" online zu nominieren. Anschließend werden die Beiträge von einer Jury aus internen und externen Experten anhand der Bewertungskriterien Kommunikationsstrategie, Idee/Kreativität, Umsetzung und Corporate Design beurteilt. Allein im Jahr 2004 gab es 1.376 Wettbewerbsbeiträge aus 64 Ländern – ein Beleg für das große Engagement aller Beteiligten. Die weltweit besten Arbeiten werden jährlich im Rahmen einer Preisverleihung ausgezeichnet und dienen als Best-Practice-Beispiele, die auf „Comin" hervorgehoben gekennzeichnet werden.

Vom Informationsmedium zum Management-Tool

„Comin" ist im Jahr 2000 als internes Informationsmedium der Marketing-Kommunikation gestartet. Es folgte die Erweiterung zum Arbeits- und Planungsinstrument, um Kampagnen und Aktivitäten effektiver vorzubereiten und umzusetzen. Heute ist „Comin" auch ein zentrales Management-Tool, das die Aktivitäten und das Wissen der gesamten Mercedes-Benz Marketing-Kommunikation steuert und die Qualität der Arbeit nachhaltig verbessert.

Aufgrund des Erfolgs haben in den letzten Jahren weitere DaimlerChrysler-Sparten, wie smart, Maybach, Trucks und Vans, „Comin" adaptiert. Gleichzeitig wurden andere Intranet-Plattformen im Konzern, etwa die Bereiche Presse, CRM oder Design Navigator, verlinkt und damit „Comin" zu einem zentralen Portal für Wissens- und Informationsmanagement ausgebaut.

„Comin" ist einfach, informativ, direkt und lebendig. „Comin" vernetzt die globale Kompetenz und das gesamte Wissen der Mercedes-Benz Marketing-Kommunikation. Und dies mit nachhaltigem Erfolg, wie Marina Salland-Staib und Torsten Wirtz eindrucksvoll berichten: Die renommierte Auszeichnung „Best Practice Award" zur besten Wissensmanagementlösung des Jahres ging 2005 an „Comin".

Thomas Maier[*]

7.3   Mitarbeiterkommunikation im SAS-Intranet

Um der Konkurrenz eine Nasenlänge voraus zu sein, müssen Unternehmen heute Entscheidungen schneller denn je fällen. Mitarbeiter sind zeitnah und umfassend über aktuelle Entwicklungen und Unternehmensstrategien zu informieren. Der internen Kommunikation kommt daher bei SAS eine Schlüsselrolle zu. Das Intranet als modernes Informations- und Kommunikationsmedium erleichtert hierbei die Information über tagesaktuelle Ereignisse und Hintergründe. Beschleunigt werden aber auch interne Abstimmungsprozesse und das interne Wissensmanagement.

1976 in North Carolina/USA gegründet, ist SAS heute der weltweit führende Anbieter von Lösungen und Services im Bereich Business Intelligence, die es Unternehmen ermöglichen, aus Geschäftsdaten wertvolles Wissen für strategische Entscheidungen zu gewinnen. Weltweit beschäftigt SAS mehr als 9.800 Mitarbeiter an fast 400 Standorten. In Deutschland sind am Firmensitz Heidelberg rund 700 Mitarbeiter tätig. Von hier aus werden die Niederlassungen in Berlin, Frankfurt am Main, Hamburg, Köln und München betreut. In Heidelberg befindet sich auch der Sitz des internationalen Headquarters EMEA für die Regionen Europa, Naher Osten/Afrika sowie Asien/Pazifik.

Als wissensintensives Unternehmen der Softwarebranche mit weltweit verteilten Standorten hat das Intranet für die tägliche Arbeit der SAS-Mitarbeiter eine wichtige Bedeutung. Es ist als ordnendes Element die zentrale Informationsplattform für Ereignisse im Unternehmen oder im Geschäftsumfeld. Gleichzeitig vernetzt das interne Medium die Mitarbeiter und ermöglicht den individuellen Austausch.

Gerade in größeren Unternehmen ist es wichtig, dass die Mitarbeiter über wichtige Entscheidungen direkt und ohne Umwege informiert werden. Frustrationen über fehlende Informationen oder, wenn Mitarbeiter wichtige Vorgänge aus der Presse zuerst erfahren, lassen sich durch eine Mitarbeiterkommunikation per Intranet vermeiden.

Die direkte Kommunikation über das Intranet ermöglicht es der Geschäftsleitung, Reaktionen und Stimmungen der Mitarbeiter einzuholen, um diese dann bei Entscheidungen und weiteren Vorgehensweisen einfließen zu lassen. Durch

---

[*] Thomas Maier ist Leiter der Unternehmenskommunikation von SAS Deutschland, Heidelberg.

das offene Kommunikationsangebot wird aber auch das Zusammengehörig-
keitsgefühl und die Kommunikations- und Unternehmenskultur bei SAS gestärkt.

Am Standort Heidelberg ist eine zentrale Redaktion für die deutschlandwei-
ten Intranet-Inhalte verantwortlich. Drei Säulen kennzeichnen die Kommunikation auf dieser internen Plattform: (1) Tagesaktuelle „Newsflashs" sowohl zu
Business- als auch zu betriebsinternen Themen sowie Informationen zur aktuellen Berichterstattung über SAS in der Presse. (2) Regelmäßige „Webcasts" (Mitarbeiterfernsehen) mit Vorständen und Niederlassungsleitern. Mitarbeiter können parallel zur Webcast-Übertragung in einem Chat-Forum direkte Fragen
stellen, Themen vertiefen und weitere Informationen aus erster Hand erfahren.
Dieses Kommunikationsangebot wird in der Praxis intensiv genutzt. (3) Der
General Manager der Landesgesellschaft wendet sich mithilfe des elektronischen
Kommunikations-Tools „Direkt!" alle acht Wochen unmittelbar an sämtliche
Mitarbeiter, von der Rezeption bis zum Vorstand. Darin erläutert er aktuelle
strategische Entwicklungen und gibt wichtige Neuigkeiten bekannt.

Neben diesen drei Möglichkeiten der internen Kommunikation stehen aktuelle Unternehmenspräsentationen und weitere Marketingmaterialien, Organisa-
tionshandbücher und zahlreiche Projekt- und Hintergrundinformationen aus
unterschiedlichen Unternehmensbereichen im Intranet für die Mitarbeiter zur
Verfügung. Abbildung 26 zeigt mehrere Webcasts, die im Archiv abrufbar sind.
Bei SAS nutzen die Mitarbeiter das Intranet sehr intensiv als Kommunikations-
kanal: Neben länderspezifischen Intranet-Zugängen können die 400 Standorte
auf ein weltweit durch SAS USA zur Verfügung gestelltes Intranet zugreifen und
sich so über die verschiedenen Geschäftsfelder hinweg vernetzen. Natürlich
ersetzt bei SAS der digitale Dialog nicht das kurze Gespräch zwischendurch in
der Kaffeeküche. Im Gegenteil: Es hat sich gezeigt, dass der Bedarf nach per-
sönlichem Austausch unter Mitarbeitern und Vorgesetzten mit der zunehmen-
den Akzeptanz der Intranet-Angebote nicht abnimmt.

Für SAS ist das Intranet eines der wichtigsten Werkzeuge des Wissensmanagements. So verfügt SAS über besonders intensiv gepflegte Datenbanken, in
denen viele tausend Berichte über Kunden, Kooperationen und Projekte gespeichert sind. Und die Mitarbeiter unterstützen sich im Intranet weltweit gegenseitig bei ihren Aufgaben.

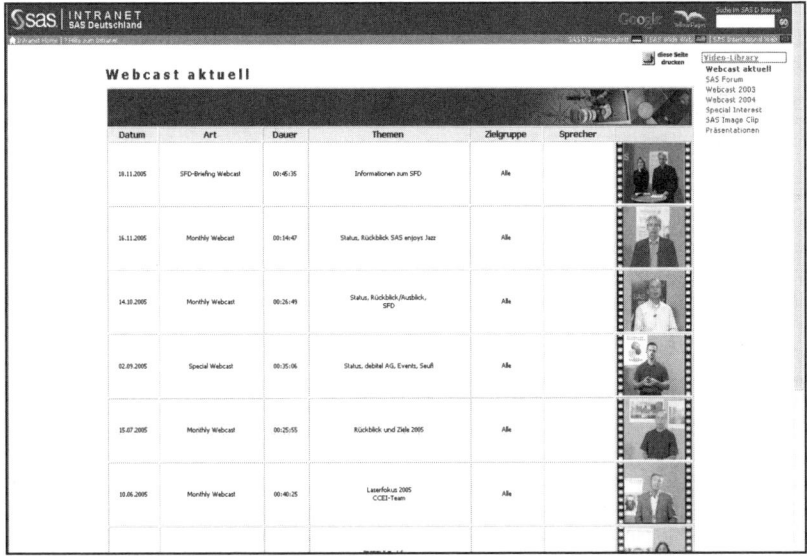

Abbildung 27: Archiv der aufgenommenen Webcasts im SAS-Intranet

SAS – das heißt nahezu 30 Jahre Erfahrung mit Kunden und Anwendungen im Bereich Business Intelligence weltweit. Mit dem Intranet gelingt es noch besser, Chancen schneller zu erkennen und zu nutzen.

Martin Cserba, Katrin Renner[*]

7.4 Werkzeugkasten einer Multimedia-Agentur: das 21TORR-Intranet

Das Intranet ist bei 21TORR ein Medium, mit dem jeder Mitarbeiter täglich arbeitet. Sei es, um Arbeitszeiten einzutragen, das Pool-Fahrzeug zu buchen oder das Mittagessen zu bestellen. Es ist keine Informationsplattform, sondern dient in erster Linie als Werkzeugkasten. Es entlastet die Mitarbeiter, die Personalabteilung und die Teamassistenz und macht allen das tägliche Leben leichter. Die wichtigsten Bereiche sind die Zeiterfassung, die Anwesenheitsübersicht „BigBrother" und das Projekt-Tool. 21TORR hat das Intranet selbst konzipiert und genau auf die täglichen Anforderungen und Abläufe in einer Multimedia-Agentur angepasst. Technische Grundlage ist die 21TORR Content-Management-Lösung TORRICELLI. Zahlreiche Datenbankanbindungen sorgen für eine intelligente und effiziente Verknüpfung von Informationen. Die klar gestaltete Startseite mit den wichtigsten Funktionen für die Mitarbeiter zeigt Abbildung 28.

Urlaub beantragen

Im Jahr 2003 hat 21TORR die individuelle Zeiterfassung über das Intranet eingeführt. Die Zeiterfassung ist bei 21TORR ein zentrales Instrument zur Unternehmenssteuerung und das wichtigste Mittel für das Controlling der Agentur. Sie ermöglicht, den Überstundenausgleich abteilungsübergreifend zu vereinheitlichen und sorgt somit für mehr Gerechtigkeit innerhalb des Unternehmens. Darüber hinaus soll sowohl der Agentur als auch den Mitarbeitern eine größere Flexibilität hinsichtlich der Arbeitszeit eingeräumt werden. Die Arbeitsauslastung ist nicht an jedem Tag gleich: einmal ist für zwölf Stunden etwas zu tun, ein anderes Mal eben nur für fünf.

---

[*] Martin Cserba ist Managing Director der 21TORR AGENCY gmbh, Reutlingen, Katrin Renner ist dort verantwortlich für Public Relations (www.21torr.com).

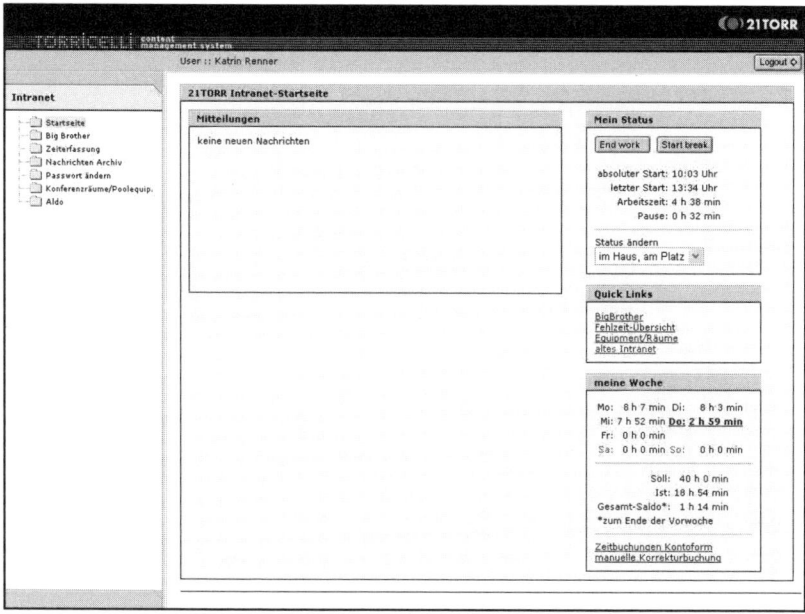

Abbildung 28: Startseite 21TORR-Intranet

Die Zeiterfassung ist auf der Startseite des Intranets eingebaut. Bei Arbeitsbe-
ginn klickt der Mitarbeiter auf den Button „start work", bei Pausen oder dem
Arbeitsende logt er sich aus. Er sieht seine Arbeitszeit am laufenden Tag sowie
an allen Tagen der Woche. Für falsche Einträge, beispielsweise wenn man ver-
sehentlich vergessen hat, die Pause zu beenden, kann man selbständig eine Kor-
rekturbuchung durchführen. Ein Nachrichtensystem benachrichtigt in diesem
Fall den verantwortlichen Abteilungsleiter. Dank einer differenzierten Rechte-
verwaltung kann dieser die Zeiterfassung aller ihm untergeordneten Mitarbeiter
einsehen und bei Bedarf bearbeiten.

Enorme Vorteile hat die Einführung des Zeiterfassungssystems im Intranet
auch bei der Urlaubsverwaltung gebracht. Jeder Mitarbeiter hat seinen eigenen
interaktiven Kalender, auf dem er sehen kann, wie viele Urlaubstage er noch
übrig hat oder wann er krank war (Abbildung 29). Dieser Kalender dient gleichzeitig als Interface zum Beantragen von Urlaub. Die gewünschten Tage werden
markiert und mit dem Button „Urlaub beantragen" bestätigt. Der Vorgesetzte

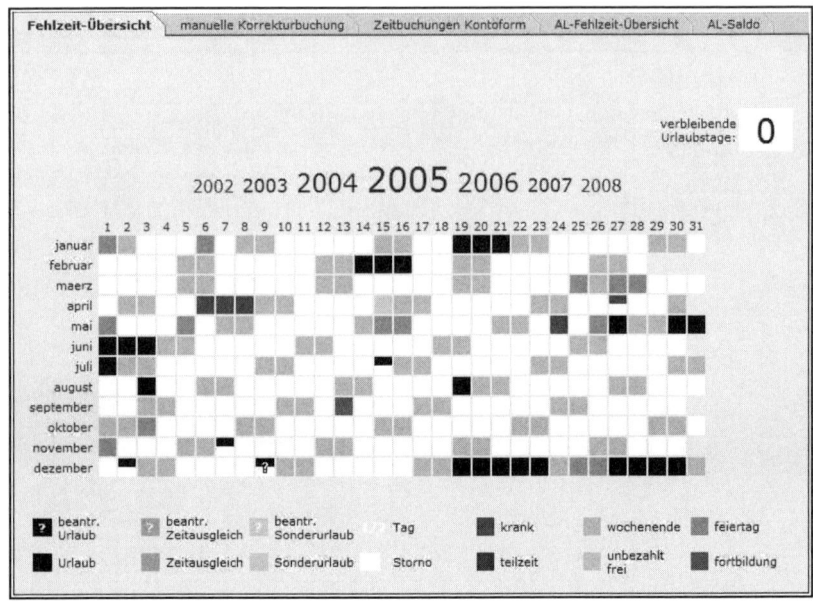

Abbildung 29: Fehlzeitkalender

erhält daraufhin eine Benachrichtigung vom System, in der er direkt per Klick den Urlaub genehmigen kann. Die Tage werden dem Mitarbeiter dann automatisch als Urlaub eingetragen. Die intranetbasierte Automatisierung dieser Vorgänge bringt eine große Entlastung der Abteilungen mit sich. Wo vorher Zettel ausgedruckt, ausgefüllt, unterzeichnet und nach manueller Pflege von Excel-Listen abgeheftet werden mussten, sind jetzt nur noch wenige Klicks notwendig.

Ein weiterer Vorteil der intranetbasierten Zeiterfassung besteht in der Verwaltung der Arbeitszeit von Personen, die nur unregelmäßig anwesend sind. Aushilfskräfte, Werkstudenten und Teilzeitmitarbeiter müssen ihre Arbeitszeit nicht extra in Listen eintragen, da ihre Arbeitsstunden vom System automatisch erfasst und zusammengerechnet werden. Dies bedeutet eine zusätzliche Entlastung der Personalabteilung.

Anrufe durchstellen

Die Übersicht über die Anwesenheit der Mitarbeiter wird bei 21TORR „BigBrother" genannt. Dies ist eine alphabethisch geordnete Liste aller Mitarbeiter mit zusätzlichen Angaben, welche die Kollegen und die Telefonzentrale täglich vielfach aufrufen. Hauptziel des „BigBrother" ist es, einen Überblick über den Anwesenheitsstatus zu geben und somit zu vermeiden, dass Unsicherheit entsteht, warum zum Beispiel jemand nicht erreichbar ist.

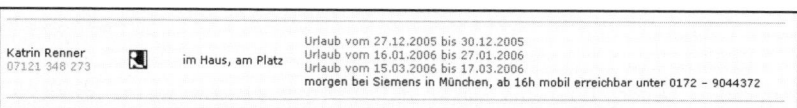

Abbildung 30: BigBrother (Ausschnitt)

Die Liste enthält zu jeder Person den Namen und ihre Telefondurchwahl. Beim Klick darauf öffnet sich ein Fenster mit einem Foto des Kollegen und weiteren Details wie Jobtitel, E-Mailadresse und Geburtstag.

Neben dem Namen der Person befindet sich ein Icon, das auf einen Blick den Anwesenheitsstatus des Mitarbeiters anzeigt. Hier sieht man, ob der Kollege „im Haus am Platz", im Meeting, beim Kunden, krank oder im Urlaub ist.

Rechts daneben kann jeder noch Text eingeben und zusätzliche Angaben machen, wie Abbildung 30 zeigt. Von vielen Mitarbeitern wird dieser Bereich auch zur Interaktion mit Kollegen, zur Selbstdarstellung und zur Unterhaltung genutzt. So finden sich dort skurrile Internet-Fundstücke, Schnappschüsse von Kollegen, inspirierende oder lustige Texte, Sprüche, Links, Animationen oder Filme. Auch Privates wird den Kollegen mitgeteilt, indem etwa Mitarbeiter, die in den Urlaub fahren, ein Bild ihres Reiseziels „posten".

„BigBrother" wird bei 21TORR intensiv von der Telefonzentrale genutzt, die beim Durchstellen von Anrufen sehen kann, ob der Kollege etwa im Meeting oder in der Pause ist. Ideal ist „BigBrother" auch für neue Mitarbeiter. Ihnen bietet er eine wichtige Hilfestellung bei der Orientierung: Wie sieht dieser oder jener Kollege aus, was ist seine Funktion oder wie kann ich ihn erreichen?

Konferenzraumverwaltung

Neben der Zeiterfassung und „BigBrother" bietet das Intranet von 21TORR
weitere Funktionen, die Arbeitsschritte erleichtern, für Transparenz sorgen und
Missverständnisse vermeiden. So können etwa Konferenzräume online gebucht
werden. Mitarbeiter wählen den gewünschten Raum und Termin über eine Ein-
gabemaske aus. Liegt für den Zeitraum bereits eine Buchung vor, bietet das
System automatisch Alternativvorschläge an. Eine Übersicht zeigt die Belegung
der Konferenzräume. Aus dieser kann die Teamassistenz sehen, wann sie eine
Bewirtung organisieren muss. Poolfahrzeuge lassen sich in gleicher Weise über
das Intranet buchen.

21TORR lässt zwei Mal pro Woche Essen von einem italienischen Restau-
rant liefern. Jeder Mitarbeiter kann am Tag vorher das gewünschte Mittagsge-
richt über das Intranet bestellen.

Projektmanagement

Das wichtigste Werkzeug zum Projektmanagement bei 21TORR ist das Projekt-
Tool im Intranet. Dieses höchst professionelle Instrument dient 21TORR zur
Steuerung des Personals und zur Ressourcenplanung. Hier legen die Account-
manager Projekte an und definieren die beteiligten Mitarbeiter, die darin eintragen, wie viele Stunden sie an welcher Tätigkeit verbracht haben. Die Account-
manager können jederzeit den Status per Knopfdruck abfragen und behalten so
die Rentabilität ihrer Projekte im Blick. Das Projekt-Tool dient der Finanzabtei-
lung als Grundlage zur Rechnungsstellung. In Verbindung mit dem Zeiterfas-
sungskalender erhält die Personalabteilung eine Übersicht über die Tätigkeiten
der Abteilungen und kann damit Rückschlüsse auf die Auslastung des Mitarbei-
terstabs ziehen.

Diskussionen

Die aktuelle Mitarbeiterinformation läuft bei 21TORR vor allem über Meetings
und E-Mails. Das Intranet wird dafür bisher noch nicht genutzt, geplant ist
jedoch, einen internen „Blog" einzurichten. Dieser soll im Rahmen des Intranets
zur internen Diskussion von unternehmensrelevanten Themen, als Veröffentli-

chungsplattform für abgeschlossene Projekte (zum Beispiel: „seit heute live: www.vpv.de") und zum Wissensmanagement dienen.

Planung und Pflege

Bei der Entwicklung des Intranets hat 21TORR viel Sorgfalt auf die professionelle Planung der Informationsstruktur verwendet. Aus der über zehnjährigen Erfahrung mit Multimediakommunikation hat sich auch bei digital unterstützten Arbeitsprozessen gezeigt: Ein Werkzeug, das man täglich benutzt, muss „gut in der Hand liegen." Daher wurde das 21TORR-Intranet konzeptionell an den höchsten Kriterien der Usability gemessen.

Es empfiehlt sich, den Redaktions- und Pflegeaufwand nicht zu unterschätzen: Ein zentraler Ansprechpartner sollte sich um die Inhalte kümmern und die Aktualisierung verantworten. Auch auf die Technologie muss Verlass sein. Dank gründlicher technischer Planung kam es seit der Einführung des neuen 21TORR-Intranets zu keinen Ausfällen.

Als Agentur und Dienstleistungsgruppe in den Bereichen Marketing- und Kommunikationsstrategie, Kreation und Technologie ist es für 21TORR entscheidend, möglicht rasch und zielgenau auf Kundenbedürfnisse einzugehen. Das Intranet stärkt hierbei entscheidend die Arbeit der Mitarbeiter, indem das Projektmanagement und zentrale Workflows effektiv unterstützt werden.

8. Checklisten

Die nachfolgenden Checklisten zum Intranet-Auftritt, Projektmanagement und Changemanagement verdeutlichen nochmals wesentliche Kriterien für den Aufbau und Betrieb eines erfolgreichen Intranets in Unternehmen.

8.1 Intranet-Auftritt

Welche Elemente machen einen guten Intranet-Auftritt aus? Die Checkliste verdeutlicht wichtige Aspekte, die auch als Grundlage für die Evaluation des Intranet-Auftritts dienen können.

Checkliste: Intranet-Auftritt

Benutzerfreundlichkeit • Sind Texte auf den Intranet-Seiten gut lesbar? • Sind Schriftgrößen richtig gewählt und kann der Nutzer die Schriftgrößen anpassen? • Können die Seiten problemlos ausgedruckt werden? • Werden multimediale Elemente sinnvoll eingesetzt und bieten sie einen Mehrwert? • Falls Plug-Ins benötigt werden: Gibt es einen Hinweis oder Link, wo man das Plug-In herunterladen kann?	✓
Struktur und Navigation • Ist die Navigation leicht verständlich und intuitiv bedienbar? • Ist die Reihenfolge der einzelnen Menüpunkte nachvollziehbar und entspricht sie gängigen Konventionen? • Ist auf jeder Seite erkennbar, in welchem Bereich man sich befindet? • Kann auf jeder Unterseite wieder zurückgeblättert werden, ohne die Browsernavigation zu benutzen?	✓

- Gibt es auf den Seiten einen Link zur Homepage?
- Existiert eine Sitemap bzw. ein Inhaltsverzeichnis mit einem Überblick über die Struktur?

Sprache und Inhalte ✓

- Ist die Sprache dem interaktiven Medium angepasst und verständlich?
- Sind Texte durch Absätze, Zwischenüberschriften etc. übersichtlich gegliedert?
- Werden umfangreiche Texte übersichtlich strukturiert? Werden Hypertexte eingesetzt?
- Werden Fremdwörter und Abkürzungen erklärt?
- Sind Meinungsbeiträge als solche erkennbar?

Gestaltung und Grafik ✓

- Sind die Schrifttypen für den Bildschirm geeignet?
- Haben Vorder- und Hintergrund genügend Kontrast?
- Ist die Gestaltung und sind die Design-Elemente auf allen Seiten einheitlich?
- Wird das Corporate Design des Unternehmens bei der Gestaltung aufgegriffen?

Angaben zum Kontext und zur Aktualität ✓

- Ist auf jeder Seite klar ersichtlich, von wem sie stammt? Wer ist Content Owner?
- Gibt es Angaben von Kontaktpersonen, an die man sich bei Problemen wenden kann?
- Ist das Datum der Eingabe oder der letzten Änderung des Inhalts erkennbar?
- Wird klar, in welchem Kontext die einzelne Seite steht?

Technische Aspekte ✓

- Ist die Seite in allen Browsern, die im Unternehmen verwendet werden, benutzbar?
- Ist die Seite mit gängigen Bildschirmauflösungen benutzbar?
- Ist die Ladezeit für die ganze Seite (inkl. Fotos, Grafiken und multimedialer Elemente) auch bei langsameren Netzwerkverbindungen akzeptabel?
- Sind Grafiken und Bildelemente komprimiert und medienadäquat aufbereitet?

Barrierefreiheit

- Lässt sich das Intranet auch für Mitarbeiter mit einer Behinderung im Unternehmen nutzen?
- Sind Inhalte und das Layout der Intranet-Seiten systemisch getrennt?
- Lässt sich das Intranet auch mit der Tastatur steuern?
- Werden Flash-Elemente eingesetzt, gibt es HTML-Varianten für Mitarbeiter mit einer Behinderung?
- Ist der Text auch für Mitarbeiter mit Sehschwächen, insbesondere bei „Farbblindheit" lesbar? Sind die gewählten Farbkombinationen gut erkennbar? Sind Schriftgrößen anpassbar?
- Sind alle Informationen auch ohne Farbe verständlich?
- Funktioniert die Navigation auch ohne Grafiken?
- Sind sinnvolle beschreibende Alternativ-Texte für Bilder, Grafiken, Animationen und andere Multimedia-Elemente vorhanden, damit auch Nutzer, die diese Inhalte nicht sehen, Hintergrundinformationen erhalten?

8.2 Projektmanagement

Wurde in Sachen Projektmanagement an alles gedacht? Die nachfolgende Übersicht fast nochmals die wichtigsten Schritte zusammen.

Checkliste: Projektmanagement

Zieldefinition und Projektauftrag ✓

* Sie haben Ihr Unternehmen und Ihr Umfeld eingehend analysiert. Die Erkenntnisse sind in einer schriftlichen Ist-Analyse, Ressourcen- und Gefahrenanalyse dokumentiert.
* Es gibt einen klaren Auftrag der Managementebene und eindeutige Ziele für Ihr Intranet-Projekt zur Mitarbeiterkommunikation.
* Sie haben ein Pflichtenheft für die wichtigsten technischen, gestalterischen und redaktionellen Funktionen erstellt.
* Sie haben sichergestellt, dass die wichtigsten internen Entscheidungsträger in das Projekt eingebunden sind und die Intranet-Kommunikation Chefsache in Ihrem Unternehmen ist.
* Sie haben den Betriebs- bzw. Personalrat von Projektbeginn an eingebunden.

Projektteambildung ✓

* Ein Projektleiter für das Intranet-Vorhaben wurde benannt, bei dem alle Informationen zum Projekt zusammenlaufen.
* Die für das Intranet-Projekt relevanten Unternehmensbereiche bzw. -abteilungen, z. B. Kommunikation/Marketing, EDV/IT, Personal und Organisation wurden definiert und die Mitglieder für das Projektteam ausgewählt.
* Promotoren wurden identifiziert und haben sich bereit erklärt, für das Intranet-Projekt als Ansprechpartner für die Mitarbeiter zu fungieren.

Projektstrukturplan ✓

* Definieren Sie Teilaufgaben und Arbeitspakete, übertragen Sie diese den Teammitgliedern.
* Stellen Sie fest, welches Know-how im Projektteam vorhanden ist und ob es für das Projekt ausreicht. Identifizieren Sie Aufgaben, die in zusätzlichen Arbeitsgruppen oder extern bewältigt werden müssen.

- Bauen Sie nicht vorhandenes Know-how durch eventuelle Schulungen bei den Teammitgliedern auf. Beachten Sie aber, dass ein externer Intranet-Dienstleister günstiger sein kann, insbesondere je komplexer Ihre Intranet-Lösung ist.
- Rollen, Aufgaben, Kompetenzen und Verantwortlichkeiten der Teammitglieder sind eindeutig zuzuweisen.
- Stellen Sie sicher, dass die Struktur Ihrer Projektorganisation und die organisatorische Zusammenarbeit im Team eindeutig geregelt sind.
- Klare Kommunikations- und Entscheidungswege wurden festgelegt.

Ablauf- und Terminplan ✓
- Stellen Sie fest, wie lange die einzelnen Teilprojekte dauern.
- Legen Sie fest, welche Teilprojekte wann bearbeitet werden.
- Definieren Sie Abhängigkeiten innerhalb und zwischen den einzelnen Teilprojekten.
- Benennen Sie projektrelevante Meilensteine.

Budget- und Ressourcenplanung ✓
- Ermitteln Sie einen Gesamtkostenplan für Ihr Intranet. Welche Kosten entstehen z. B. für Hard- und Software, Programmierung, Design, Schulungen, Kommunikationsmaßnahmen zur Einführung?
- Stellen Sie fest, welche Einsparungen durch das Intranet, z. B. durch die Reduktion gedruckter Materialien oder die Beschleunigung von Kommunikation und Prozessen, erwartet werden.

Berichts- und Dokumentationswesen ✓
- Es wurde festgelegt, wie viel und was über das Projekt an wen berichtet wird und welche Informationen dokumentiert werden.
- Das Pflichtenheft dient als Grundlage für die technische Umsetzung des Projektauftrags.
- Der Projektordner enthält alle relevanten Informationen, z. B. Delegationslisten, Ergebnisprotokolle der Meetings und Statusberichte.

Controlling ✓
- Installieren Sie ein Frühwarnsystem für Ihr Intranet-Projekt.
- Stellen Sie Planabweichungen fest und ergründen Sie die Ursachen. Leiten Sie Anpassungsmaßnahmen ein.

- Vermitteln Sie jedem Teammitglied, dass Controlling keine bloße Kontrolle ist, sondern Steuerung bedeutet.

Pilotentwicklung   ✓
- Wählen Sie die Pilotmitarbeiter gezielt aus.
- Informieren Sie und kommunizieren Sie mit den Pilotmitarbeitern, um das Ziel der Pilotentwicklung mitzuteilen und Akzeptanz zu schaffen.
- Schulen Sie die Pilotmitarbeiter.
- Beziehen Sie die Pilotmitarbeiter in die Entwicklung mit ein und nutzen Sie das Feedback und die gewonnenen Erfahrungen zur Optimierung des Intranets.

Betrieb   ✓
- Informieren Sie umfassend sämtliche Mitarbeiter über die Einführung des Intranets.
- Schaffen Sie Kommunikationsangebote, die zur Diskussion des neuen Mediums einladen.
- Stellen Sie den Schulungsbedarf der Mitarbeiter fest und trainieren Sie diese.
- Rufen Sie zur aktiven Nutzung und Mitgestaltung des Intranets auf. Schaffen Sie entsprechende Anreize und Bonusprogramme.
- Achten Sie auf eine einfache Usability des Intranets. Beobachten Sie Mitarbeiter bei der Intranet-Nutzung, um Schwachstellen zu erkennen. Befragen Sie Mitarbeiter zu ihren Erfahrungen.
- Achten Sie auf die Einhaltung des Intranet-Styleguides, um ein einheitliches Erscheinungsbild zu gewährleisten.

Nachhaltigkeit   ✓
- Evaluieren Sie das Intranet-Projekt und halten Sie die „Lessons learned" für spätere Projekte fest.
- Entwickeln Sie Maßnahmen zur Qualitätserhaltung und -verbesserung des Intranets.
- Entwerfen Sie Strategien zur nachhaltigen Verankerung des Intranets im Unternehmen.

8.3 Changemanagement

Dem Umgang mit Veränderungen durch die Einführung eines Intranets wird in der Praxis nicht immer die volle Aufmerksamkeit geschenkt. Die nachfolgende Checkliste verdeutlicht nochmals wesentliche Aspekte des Changemanagements.

Checkliste: Changemanagement	
Veränderungsgrundlagen • Strukturieren Sie den mit der Einführung eines Intranets verbundenen Veränderungsprozess in Phasen, beispielsweise in „Auftauen", „Verändern" und „Stabilisieren". • Führen Sie eine Organisationsdiagnose durch: In welcher Situation befindet sich das Unternehmen vor der Einführung des Intranets? Ermitteln Sie zum Beispiel in Workshops, Interviews und Feedback-Prozessen die Stärken und Schwachstellen der Organisation. • Entwickeln Sie eine Vision, Ziele, Strategien und Maßnahmen für die Veränderungen im Unternehmen. • Identifizieren Sie Fach- und Machtpromotoren für die geplanten Veränderungen. • Stellen Sie fest, ob die für den Veränderungsprozess notwendige Fach- und Methodenkompetenz im Unternehmen verfügbar ist.	✓
Vorbereitung des Veränderungsprozesses • Ist ein „Auftauen" notwendig oder besteht bereits eine große Veränderungsbereitschaft der Mitarbeiter? • Ergreifen Sie gezielte Aktivitäten, um eine Änderungsbereitschaft zu erreichen, beispielsweise durch Informations- und Kommunikationsmaßnahmen, Qualifizierungsangebote oder Beteiligungsmöglichkeiten für die Mitarbeiter. • Analysieren Sie die Unternehmenskultur: Besteht eine Vertrauens- oder Misstrauenskultur?	✓
Durchführung von Veränderungsmaßnahmen • Informieren Sie die Mitarbeiter ausführlich über die mit dem Intranet verbundenen Veränderungen. Schaffen Sie Kommunikationsangebote und stellen Sie den Nutzen des Intranets für jeden Mitarbeiter dar.	✓

- Führen Sie wirksame Lernprozesse für den Umgang der Mitarbeiter mit dem Intranet durch. Unterstützen Sie Lernprozesse zum Beispiel durch einen kontinuierlichen Erfahrungsaustausch und Diskussionsangebote.
- Integrieren Sie Veränderungsmaßnahmen in das bestehende Personalentwicklungskonzept.
- Prüfen Sie Verknüpfungen der Veränderungsmaßnahmen mit anderen Organisationsprogrammen oder -projekten, zum Beispiel die Neustrukturierung von Abteilungen oder die Einführung eines Qualitätsmanagementsystems. Ermitteln Sie eventuelle negative Einflüsse und ergreifen Sie Maßnahmen zur Vermeidung.
- Changemanagement ist ohne Konflikte nicht denkbar. Thematisieren Sie die Konflikte, die bei der Intranet-Einführung entstehen, und suchen Sie konstruktive Lösungen.

Stabilisierung der Veränderungen
- Kontrollieren Sie den Erfolg der Lernprozesse und Veränderungsmaßnahmen, beispielsweise durch Befragungen oder Workshops.
- Etablieren Sie einen periodischen Erfahrungsaustausch und einen kontinuierlichen Verbesserungsprozess zum Intranet.
- Richten Sie Informations- und Kommunikationsangebote auf der Basis der gewonnenen Erkenntnisse neu aus.
- Führen Sie Veränderungsmaßnahmen, zum Beispiel Schulungsangebote, die nicht weitergeführt werden sollen, zum positiven, transparenten Abschluss.

Literatur, Verzeichnisse

Weiterführende Literatur

Hoffmann, Claus: Das Intranet. Ein Medium der Mitarbeiterkommunikation. Konstanz 2001

Lienemann, Gerhard/Dördelmann, Frauke: Das Intranet-Konzept. Planung, Aufbau und Rollout. Hannover 2002

Litke, Hans-Dieter (Hrsg.): Projektmanagement. Handbuch für die Praxis. München, Wien 2005

Lohse, Matthias: Intranets. Konzept und Wege zur Realisierung. Lohmar, Köln: 2002

Lux, Thomas: Sicherheit im Intranet. Wiesbaden 2005

Mast, Claudia: Unternehmenskommunikation. Stuttgart 2002

Meier, Philip: Interne Kommunikation im Unternehmen. Von der Hauszeitung bis zum Intranet. Zürich 2002

Rommert, Frank Michael: Hoffnungsträger Intranet. München 2002

Wieczorrek, Hans W. / Mertens, Peter: Management von IT-Projekten. Berlin, Heidelberg, New York: 2005

Wessendorf, Axel / Peters, Julia: Effizientes Intranet. Kilchberg 2002

Zerfaß, Ansgar: Unternehmensführung und Öffentlichkeitsarbeit. Wiesbaden 2004

Zerfaß, Ansgar/Dietrich Boelter: Die neuen Meinungsmacher, Weblogs als Herausforderung für Kampagnen, Marketing, PR und Medien. Graz 2005

Abbildungen

Checklisten

Sachregister

PUBLIC RELATIONS

Gernot Brauer
Presse- und Öffentlichkeitsarbeit
Ein Handbuch
2005, 730 Seiten, Großformat, gebunden
ISBN 3-89669-472-3

Markus Reiter
Überschrift, Vorspann, Bildunterschrift
2006, 138 Seiten, broschiert
ISBN 3-89669-492-8

Stefan Wachtel
Sprechen und Moderieren
in Hörfunk und Fernsehen
Inklusive CD mit Hörbeispielen
zusammengestellt von Reinhard Pede
5. Auflage 2003, 216 Seiten, broschiert
ISBN 3-89669-426-X

Imai-Alexandra Roehreke
Reden schreiben
2002, 146 Seiten, broschiert
ISBN 3-89669-377-8

Melanie Wieland, Matthias Spielkamp
Schreiben fürs Web
Konzeption - Text - Nutzung
2003, 304 Seiten, broschiert
ISBN 3-89669-359-X

Kurt Weichler, Stefan Endrös
Die Kundenzeitschrift
2005, 238 Seiten, broschiert
ISBN 3-89669-376-X

Heinz Bonfadelli, Thomas Friemel
Kommunikationskampagnen
im Gesundheitsbereich
Grundlagen und Anwendungen
2006, 150 Seiten, broschiert
ISBN 3-89669-579-7

www.uvk.de